水利绿色发展技术丛书

# 黄河下游湿地生态服务价值评估与修复技术研究

郭少磊　韩素波　著

中国水利水电出版社
www.waterpub.com.cn
·北京·

## 内 容 提 要

本书是水利绿色发展技术丛书之一。本书以黄河下游典型湿地为对象，综合运用生态学、经济学、遥感、GIS与水动力模拟技术，系统评估了黄河下游湿地生态服务价值及其演变趋势，并对湿地生态环境脆弱进行了评价和分析，揭示了湿地生态环境脆弱性驱动特性和演变规律。同时，结合黄河下游典型湿地生态系统的特征，对黄河湿地生态环境保护与防治措施提出了相应的建议。研究旨在为黄河流域湿地保护政策的制定提供科学依据。主要内容包括：湿地生态系统服务价值评估指标体系；生态系统服务价值评估及演变分析；湿地生态环境脆弱性评价体系与方法；湿地生态环境脆弱性驱动特性分析；湿地生态环境脆弱性演变规律分析；湿地生态系统功能淹没损失评估分析；新乡黄河滩涂湿地生态环境保护与防治措施。

本书适合从事水资源、水环境、水生态、湿地领域的管理、研究人员参考，也适合高等院校相关专业的师生参考。

**图书在版编目（CIP）数据**

黄河下游湿地生态服务价值评估与修复技术研究 / 郭少磊，韩素波著. -- 北京 : 中国水利水电出版社, 2025. 3. -- ISBN 978-7-5226-3280-3

Ⅰ. P942.207.8

中国国家版本馆CIP数据核字第20251D0Q06号

| | |
|---|---|
| 书　　名 | 水利绿色发展技术丛书<br>**黄河下游湿地生态服务价值评估与修复技术研究**<br>HUANG HE XIAYOU SHIDI SHENGTAI FUWU JIAZHI PINGGU YU XIUFU JISHU YANJIU |
| 作　　者 | 郭少磊　韩素波　著 |
| 出版发行 | 中国水利水电出版社<br>（北京市海淀区玉渊潭南路1号D座　100038）<br>网址：www.waterpub.com.cn<br>E-mail：sales@mwr.gov.cn<br>电话：（010）68545888（营销中心） |
| 经　　售 | 北京科水图书销售有限公司<br>电话：（010）68545874、63202643<br>全国各地新华书店和相关出版物销售网点 |
| 排　　版 | 中国水利水电出版社微机排版中心 |
| 印　　刷 | 北京中献拓方科技发展有限公司 |
| 规　　格 | 184mm×260mm　16开本　8.75印张　213千字 |
| 版　　次 | 2025年3月第1版　2025年3月第1次印刷 |
| 定　　价 | **68.00**元 |

凡购买我社图书，如有缺页、倒页、脱页的，本社营销中心负责调换

# 前言

湿地一般系指地表水、陆两种界面交互延伸的一定区（地）域，包括湖泊、沼泽、海岸滩涂等，是地球上一种独特的生态系统，由于其特有的自然环境条件而孕育着丰富的自然资源，对保护生物多样性有着极为重要的意义。黄河是中华民族的母亲河，其下游湿地作为河流与陆地生态系统的重要过渡带，不仅是维持黄河流域生态平衡的关键屏障，也是生物多样性保护、水源涵养和气候调节的重要载体。

近年来，全球范围内对湿地生态服务价值的研究逐渐从理论探讨转向实践应用，生态修复技术也呈现出多学科交叉融合的趋势。然而，现有研究多聚焦于湿地单一服务功能的评估或局部修复技术的开发，对黄河流域下游湿地的系统性价值核算、动态演变机制及湿地生态环境脆弱的研究仍存在不足。如何在量化评估湿地生态服务价值的基础上，揭示湿地生态环境脆弱性驱动特性和演变规律，已成为实现黄河流域生态保护与高质量发展亟须解决的核心问题。

本书以黄河下游典型湿地为对象，综合运用生态学、经济学、遥感、GIS与水动力模拟技术，系统评估了黄河下游湿地生态服务价值及其演变趋势，并对湿地生态环境脆弱进行了评价和分析，揭示了湿地生态环境脆弱性驱动特性和演变规律。同时，结合黄河下游典型湿地生态系统的特征，对黄河湿地生态环境保护与防治措施提出了相应的建议。研究旨在为黄河流域湿地保护政策的制定提供科学依据。

在研究过程中得到了华北水利水电大学黄河流域水资源高效利用省部共建协同创新中心的大力支持，谨致谢意！

由于水平有限，书中可能出现错漏，敬请读者批评指正！

作者

2024年11月

# 目录

前言

1 绪论 …… 1

1.1 研究背景 …… 1

1.2 研究目的和意义 …… 2

1.3 国内外研究进展 …… 2

1.4 主要研究内容 …… 15

1.5 研究的技术路线 …… 16

2 研究区概况 …… 17

2.1 自然概况 …… 17

2.2 社会经济 …… 19

3 湿地生态系统服务价值评估指标体系 …… 21

3.1 构建的思路与原则 …… 21

3.2 指标体系构建 …… 22

4 生态系统服务价值评估及演变分析 …… 31

4.1 黄河滩涂湿地生态系统服务价值评估 …… 31

4.2 生态系统服务价值综合评估 …… 38

4.3 生态系统服务协同/权衡及驱动因素分析 …… 47

5 湿地生态环境脆弱性评价体系与方法 …… 55

5.1 评价指标体系 …… 55

5.2 评价模型 …… 57

5.3 黄河下游湿地生态环境脆弱性评价 …… 61

6 湿地生态环境脆弱性驱动特性分析 …… 68

6.1 主成分分析 …… 68

6.2 脆弱性驱动特性分析 …… 70

7 湿地生态环境脆弱性演变规律分析 …… 75

7.1 研究方法 …… 75

7.2 脆弱性演变分析 …… 80

7.3 主要驱动力与脆弱性动态关系 …… 84

8 湿地生态系统功能淹没损失评估分析 …… 99

8.1 洪水模型构建 …… 100

8.2 洪水过程设计 …… 107
8.3 湿地生态系统功能淹没损失模型 …… 107
8.4 洪水漫滩模型结果及淹没损失分析 …… 114
**9 新乡黄河滩涂湿地生态环境保护与防治措施** …… 122
9.1 构建完善湿地生态环境保护政策体系 …… 122
9.2 建立湿地生态环境保护管理与监测机制 …… 122
9.3 注重湿地生态环境保护和防治教育、宣传与培训 …… 123
9.4 加强湿地生态环境污染综合治理，减缓湿地退化速度 …… 123
9.5 加强湿地水资源配置与管理，修建引黄工程 …… 123
9.6 加强湿地领域科学研究 …… 124
**10 结论** …… 125
参考文献 …… 127

# 1 绪　论

## 1.1 研究背景

湿地作为地球上价值最高的生态系统，被誉为“地球之肾”，湿地只占地球表面的6%，却为地球上20%的已知物种提供了生存环境。湿地是地球重要的自然资源，也是人类及许多野生动物、植物的重要生存环境之一，是地球表层系统中物质与能量交换最为活跃和复杂的生态系统，具有极其重要的作用。同时，湿地还是地球上最脆弱的生态系统之一，除自然原因外，人类对湿地资源的不合理利用造成湿地结构损坏，某些功能的改变或丧失，使湿地生物多样性和水环境质量降低，调节、供给、支持和文化功能衰退，已威胁到区域生态环境保护和社会经济的高质量持续发展。

2018年11月，河南省发布《河南省人民政府关于实施四水同治加快推进新时代水利现代化的意见》，提出以习近平新时代中国特色社会主义思想为指导，全面贯彻党的十九大精神，紧紧围绕统筹推进“五位一体”总体布局和协调推进“四个全面”战略布局，深入落实习近平总书记“节水优先、空间均衡、系统治理、两手发力”治水思路和水资源、水生态、水环境、水灾害统筹治理的治水新思路，以着力解决水资源保护开发利用不平衡不充分问题为主线，持续提升水资源配置、水生态修复、水环境治理、水灾害防治能力，以水资源的可持续高效利用助推全省经济高质量发展。2020年3月，河南省人民政府发布《2020年河南省黄河流域生态保护和高质量发展工作要点》（以下简称《要点》），全流域率先树立标杆地位。《要点》指出要实施沿黄生态廊道试点示范、规划建设沿黄湿地公园群、推进重要支流水环境综合治理、加强黄河防洪安全防范治理、开展深度节水控水行动、构建黄河历史文化主地标体系、推进黄河文化与大运河文化融合发展、实施黄河文化遗产系统保护等八大标志性项目，其中首要实施生态廊道示范工程，率先建成岸绿景美的生态长廊。面对黄河流域生态保护与高质量发展的国家战略，全面贯彻实施《河南省人民政府关于实施四水同治加快推进新时代水利现代化的意见》，以及黄河下游河道治理与发展理念的转变，破解河南省黄河流域生态保护和高质量发展的重点领域与关键技术的难点，开展黄河湿地生态服务价值评估与修复技术专项研究具有重要的意义与价值。

河南新乡黄河滩涂湿地保护区总面积22780$hm^2$，其中核心区面积7973$hm^2$，缓冲区面积7290$hm^2$，实验区面积7517$hm^2$。保护区范围为东经114°13′53″～114°52′30″，北纬34°53′13″～35°06′21″，包括黄河大堤以内（包括黄河滩涂、河心沙洲等陆地）以及黄河背河洼地区域。在自然变化和人类活动的双重影响下，下垫面覆盖格局与河道水沙变化成为新乡黄河滩涂湿地退化的主要过程。特别是河道滩涂湿地面临天然湿地面积萎缩、生态多样性衰减、土地盐碱化、植被逆向演替等问题。

开展黄河湿地生态服务价值评估与修复技术研究，是支撑黄河下游环境治理与生态保护重大战略实施，全面贯彻河南省水生态文明建设和实施四水同治，加快推进新时代水利现代化总体部署，提出河南省黄河流域生态保护方案的迫切需要，是黄河下游河道整治、水环境治理和生态廊道建设的重点与关键，是破解河南省黄河滩区高质量发展科技瓶颈的迫切需要，也是促进河南省科技发展、带动高端人才快速培养的迫切需要。

## 1.2 研究目的和意义

研究的目的在于构建黄河下游湿地生态环境系统服务价值理论体系与框架，正确分析与判别新乡黄河滩涂湿地的生态环境系统服务价值，科学鉴别与系统揭示黄河下游典型湿地生态环境系统演变机制，定量分析湿地对区域水资源、水环境、水生态、水安全、水灾害等方面产生的影响，提出湿地生态修复与环境可持续提升的对策及合理化建议，为其他类型湿地和生态系统服务价值评估与生态工程建设后评价提供参考与借鉴，为区域湿地资源可持续开发利用、生态环境保护和经济发展规划等提供决策依据。

研究的意义在于丰富游荡性河道湿地生态环境系统演变与服务价值评估的理论体系，引领黄河滩涂湿地生态服务价值评估相关研究；促进黄河下游湿地资源的合理科学地利用，实现区域资源高效利用的生态环境效益和经济效益最优化，保障区域社会经济持续健康发展，助力新时代河南省黄河下游生态保护与高质量发展。

## 1.3 国内外研究进展

自然生态系统通过提供生态系统产品和生态系统功能等服务维持地球生命系统和生态环境的动态平衡，保障人类社会和生态系统的可持续发展。生态系统服务是指人类从生态系统获得的所有利益。生态系统服务概念的提出反映了人类社会与自然生态系统相互依存和相互制约的复杂联系。

### 1.3.1 生态系统服务的内涵

有关生态服务的研究始于 20 世纪 70 年代，联合国大学（United Nations University）在 1970 年发表了《人类对全球环境的影响报告》，首次提出生态系统服务功能的概念，同时列举了生态系统对人类的环境服务功能。其后 Holder 和 Ehrlich（1974）、Westman（1977）和 Odum（1986）等进行了早期较有影响的研究。此后随着众多学者对生态系统服务研究的深入，生态系统服务的内涵及具体内容也不断得到完善，其中 Daily、Costanza、欧阳志云、Boyd 和 Banzhaft 以及 Fisher 的论述最具有代表性。尽管不同学者对于生态系统服务的概念和定义有不同的表述，但其本质基本相同。1997 年 Daliy 等提出“生态系统服务功能是指生态系统与生态过程所形成的，维持人类生存的自然环境条件及其效用”。2000 年欧阳志云等参考了 Daliy 的定义，提出“生态系统服务功能不仅为人类提供了食品、医药及其他生产生活原料，还创造与维持了地球生态支持系统，形成了人类生存所必需的环境条件”。2001 年谢高地等提出“生态系统服务功能是通过生态系统的功能直接或间接得到的产品和服务，是由自然资本的能流、物流、信息流构成的生态系统服务和非自然资本结合在一起所产生的人类福利”。2005 年 MA 提出“生态系统服务功能是人类从生态系统获取的惠益，它包括供给服务、调节服务、文化服务和支持服务”，并被国内外学者所接受且广泛采纳。

尽管国内外对于生态系统服务功能的概念和内涵表述都有所差异，但无论如何，Daily 和 Costanza 等对生态系统服务功能价值评估的发展产生了深远影响，并为国内学者深入剖析生态系统服务功能及其价值提供了概念基础和理论支持。对生态系统服务功能的概念和内涵，不同学者虽有不同的表述，但在基本含义和内涵上已达成共识。即，生态系统服务的内涵包括三个部分的内容：①生态系统向经济社会系统输入有用的能量和物质；②生态系统接受和转化来自经济社会系统的废弃物；③生态系统直接向人类社会成员提供服务。

### 1.3.2 生态系统服务的发展

生态系统服务价值评估工作最早始于 20 世纪 70 年代，Holdren 等在全球环境服务、自然服务的研究中指出生物多样性的丧失将会影响生态系统服务。我国的生态系统服务价值评估工作始于 20 世纪 80 年代初的森林资源价值核算，中国林学会在 1983 年开展了森林综合效益评价。1997 年，Daily 首次较为全面、系统、综合地研究了生态系统服务的多个方面，并提出生态系统服务是指生态系统与生态过程中所形成的维持人类赖以生存的自然环境条件与功能。同年，Costanza 等把可再生的生态系统服务分为 17 类，并首次对全球生态系统服务价值进行评估。

进入 21 世纪，由联合国环境规划署、世界银行等机构共同发起了为期 5 年（2001—2005 年）的千年生态系统评估。在 MA 之后，联合国又组织实施了生态系统与生物多样性经济学（The Economics of Ecosystems and Biodiversity，TEEB）项目，它的总体目标是通过经济手段为生物多样性的相关政策制定与实施提供理论依据。TEEB 从 2007 年提出至 2010 年提交到《生物多样性公约》第十次缔约方大会，其理论和方法已经较为完善。2012 年，在联合国环境规划署的支持下“生物多样性和生态系统服务政府间科学-政策平台”（Intergovernmental Science - Policy Platform on Biodiversity and Ecosystem Services，IPBES）建立，它的职能是对生物多样性和生态系统服务在全球和区域层面开展定期评估，从而促进科学与政策之间的互动，截至目前已经通过了 IPBES 概念框架和《2014—2018 年工作方案》两个重要框架。这些重要事件和国际性项目的开展，对生态系统服务价值化研究的理论框架、评估方法等均有重要推动作用。因此，以 1997 年、2005 年和 2012 年为时间节点，可将生态系统服务价值化研究分为 4 个阶段，如图 1 - 1 所示。

1997 年之前，定性描述阶段。在 1997 年以前生态系统服务的概念还没有得到广泛使用，研究中常使用“生态效益”一词来表示生态系统为人类提供的效用。在此阶段

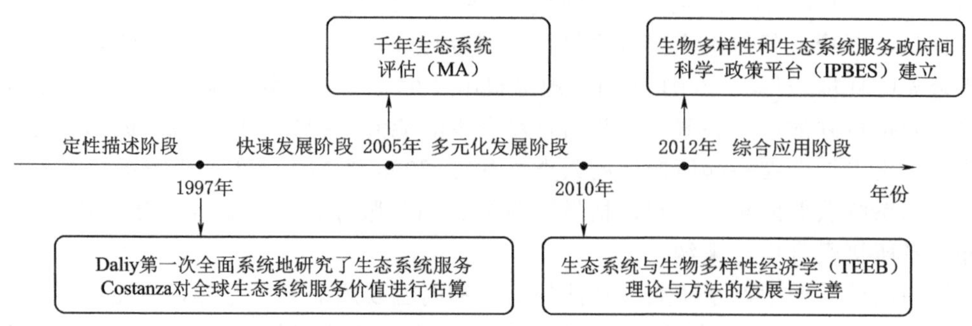


图 1－1 生态系统服务价值评估研究发展阶段

关于生态效益的研究较少，这些研究多集中在讨论森林生态系统的生态效益构成及生态效益的补偿问题，是以较为概括的方法评价森林生态系统的经济价值以促进管理中的生态补偿。研究深度和广度都尚浅，但为日后的生态系统服务价值化研究奠定了一个良好的开端。

1997—2005 年，快速发展阶段。Costanza 的研究为生态系统服务的评估提供了创新且可行的方法，生态系统服务价值评估研究也因此进入了快速发展初期。此阶段前期的研究大多是参考 Costanza 等研究中的单位面积生态系统价值参数，对不同区域不同尺度的各生态系统计算其总的生态系统服务价值。此阶段的后期，一些学者开始使用遥感的手段对生态参数进行定量测量，并建立了多尺度体系，用生态参数乘以单位面积价值参数使价值评估的精度有了一定的提高。

2005—2012 年，多元化发展阶段。此阶段的相关研究表现出三个特征：①在价值评估过程中对遥感数据产品的应用越来越广泛，多数研究都是基于遥感产品进行定量研究；②将生态系统服务价值与土地利用变化相联系探讨二者之间的关系；③受 MA 中对生态系统服务分类的影响，开始对不同的生态系统服务进行分类评估并对每一类服务的价值估算引入具体的计算参数。2007 年由美国斯坦福大学、美国明尼苏达大学、大自然保护协会和世界自然基金会共同开发的 InVEST（Integrated Valuation of Ecosystem Services and Trade－offs）模型发布，该模型作为连接生态系统与经济价值的工具，可以进行情景预测，注重分析生态系统为人类带来的惠益，为生态系统服务价值评估提供了新方法。

2012 年至今，综合应用阶段。此阶段的研究更注重生态系统服务价值的动态变化趋势及价值评估在实际决策中的应用，与此主题相关的高频词中开始出现“生态补偿”“资源利用”等。在实际的应用中，包括根据评估次生热带森林在 4 个不同的再生阶段的生态系统服务价值为生态付费及森林恢复提供依据，评估被污染的亚热带流域的污水净化的生态系统服务价值为水资源管理部门提供决策依据，通过评估流域生态系统服务价值明确其生态价值等。生态系统服务价值评估研究从单一的定量计算开始转变为更具动态性、机理性和应用性的综合研究，这与 IPBES 提出的要加强科学与政策之间的联系，促进科学研究向管理政策转化的要求相一致。

### 1.3.3 生态系统服务的分类

在明确生态系统服务的内涵和发展之后，进行合理的分类是对生态系统服务分析、建模及价值评估的基础。因此，出现了多种分类体系，国际上较为主流的分类体系有 4 类，见表 1－1。Costanza 等在进行全球生态系统服务价值评估时将生态系统的功能分为 17 类。MA 将生态系统服务分为支持服务、供给服务、调节服务和文化服务 4 类。TEEB 在 MA 分类体系的基础上，将生态系统服务分为供给服务、调节服务、文化服务和栖息地服务 4 大类共 22 小类。

表 1－1　　世界上四种主要的生态系统服务分类系统

| 生态系统分类 | Costanza | MA | TEEB | CICES |
| --- | --- | --- | --- | --- |
| 供给服务 | 粮食生产 | 食物 | 食物 | 生物质-营养 |
| | 水分供给 | 清洁的水 | 水 | 水 |
| | 原材料 | 纤维等 | 原材料 | 生物质-纤维、能源或其他材料 |
| | | 观赏性资源 | 观赏性资源 | |
| | 遗传资源 | 遗传资源、生物化学和天然药材 | 遗传资源、药材资源 | |
| | | | | 生物质-机械能 |
| 调节服务<br>栖息地服务 | 大气调节<br>气候调节 | 空气质量调节<br>气候调节 | 空气净化<br>气候调节 | 气体和空气流动的调节<br>大气成分与气候调节 |
| | 干扰调节（防风暴、防洪） | 自然灾害调节 | 扰动预防或调节 | 大气和径流流动调节 |
| | 水分调控（天然防旱与灌溉） | 水分调节 | 水流调节 | 液体流动调控 |
| | 废物治理 | 水净化与废物治理 | 废物处理（例如：水净化） | 废物、有毒物质的净化调节 |
| | 侵蚀控制和土壤保持 | 侵蚀调节 | 防侵蚀 | 质量流量调节 |
| | 土壤形成 | 土壤形成（支持服务） | 保持土壤肥力 | 保持土壤形成和组分 |
| | 授粉 | 授粉 | 授粉 | 生命周期维护（包括授粉） |
| | 生物防治 | 害虫和人类疾病控制 | 生物防治 | 害虫和疾病控制 |
| 支持服务<br>栖息地服务 | 营养物质循环 | 营养物质循环和初级生产（光合作用） | | |
| | 栖息地（迁徙动物的收容所） | 生物多样性 | 生命周期维护（动物栖息地） | 生命周期维护、栖息地和基因库保护 |

续表

| 生态系统分类 | Costanza | MA | TEEB | CICES |
|---|---|---|---|---|
| 文化服务 | 休闲娱乐（包括旅游、户外活动） | 娱乐和生态旅游 | 娱乐和生态旅游 | 户外体验 |
| | 文化（包括美学观赏、艺术、精神体验、教育和科研） | 美学价值 | 美学信息 | |
| | | 文化多样性 | 文化、艺术、设计的灵感 | |
| | | 精神和宗教价值 | 精神体验 | 精神或信仰体验 |
| | | 知识体系发展 | 认知发展 | 智力互动 |
| | | 教育价值 | | |

以上关于生态系统服务定义和分类的研究大多从宏观角度针对全球性物质循环、能量流动以及信息传递过程展开，随着研究的不断深入和聚焦，许多学者逐渐关注到某一类型生态系统。Sutherland 等关注到森林生态系统的结构属性（如乔木、林下植物和木质残体）特殊性，以及森林在提供文化服务方面的重要性，将森林生态系统服务划分为栖息地服务、调节服务、供给服务和文化服务 4 大类 10 小类。Helder 等提出将利益相关者的观点纳入生态系统服务的指标选取之中，通过问卷调查选取了 44 项生态系统服务，并通过打分的方式最终确定了 25 类生态系统服务类型，其中主要为调节服务、文化服务和栖息地服务。Dias 和 Belcher 针对湿地的复杂性和特殊性以及湿地生态系统服务的形成机制的不确定性，以水质、野生动物栖息地和河岸带宽度为重点，对湿地生态系统服务进行了分类研究。Grizzetti 等通过分析多重压力、生态状况与水生态系统服务提供之间的关联，提出了一系列与水生态系统服务自然容量、实际流量和社会效益有关的指标。Gao 针对水资源短缺、水污染和土壤侵蚀等与水相关的水环境问题，从产水量、水质净化和土壤保持等方面对水生态系统服务进行了分类研究。Chiara 和 Davide 将城市生态系统服务分为了食物供给、水流调节和径流缓解、城市温度调节、降噪、空气净化、环境极端压力缓解、废物处理、气候调节和娱乐 9 类，其中娱乐和与典型城市环境问题相关的调节服务是人们关注的重点服务类型。范小杉和何萍综合阐述了河流生态系统服务的特征和内涵，将其划分为淡水供给、物质生产、生态支持、生态调节和文化娱乐 5 大类 17 小类。

谢高地等在国内外研究的基础上，结合我国实际于 2001 年提出了 9 种分类，包括气体调节、气候调节、土壤形成与保护、水源涵养、生物多样性保护、废物处理、原材料、食物生产和文化娱乐。这 9 个分类可以划分为生产与生活产品供给、基础环境与生命支持系统功能和生活体验与精神享受三个层次。范小杉等根据河流生态系统服务特点，将河流生态系统服务功能分为淡水供应、水能提供、物质生产、生物多样性的维持、生态支持、环境净化、灾害调节、休闲娱乐和文化孕育等。2020 年，国家发展改革委发布了“美丽中国建设评估指标体系”，从空气清新、水体洁净、土壤安全、生态良好、人居整洁 5 个方面建立了 22 项具体指标，规范了生态系统健康程度的评价方法。

由于对于不同的生态系统，结构与组成差异性大，生态系统服务的分类体系尚不能统一，生态系统服务的分类和评估指标体系也呈现多样化特征。应根据某种类型生态系统自身的特征和功能，针对性构建能体现其特性的分类框架，不仅能体现生态系统功能和服务特征，并且要体现该系统不同服务的市场可交易性和人的需求层次，便于决策使用。

### 1.3.4 生态系统服务价值评估研究

目前，对生态系统服务的价值评估大体可以分为全球尺度、区域尺度、单个生态系统和单一类型服务功能的价值评估。

#### 1.3.4.1 全球尺度价值评估

在全球尺度的生态系统价值评估中，具有代表性的是 Costanza 和 Groot 等的成果。1998 年 Costanza 等对全球尺度的 16 种生物群落的 17 大类生态系统价值进行了评估，研究表明全球生态系统每年提供服务价值约 33 万亿美元。该研究还提供了这 17 种生态系统服务的单位面积价值计算当量表，被应用于全球各地的各类生态系统服务的价值评估研究当中；Boumans 和 Costanza 等合作建立了一个全球统一的生物圈元模型来模拟整个地球系统，评估生态系统服务的动态和价值，通过模拟一系列未来情景，探索生态系统的复杂动态和全面的政策假设；Sutton 和 Costanza 估算了全球生态系统市场经济价值和非市场经济价值，从全球角度分析了国内生产总值和生态系统服务产品价值的分布特征，并通过环境可持续指数和国家生态足迹指数分析了其与生态系统服务价值之间的关系；Costanza 等估算了 2011 年全球生态系统服务价值，比较了 1997—2011 年间由于土地利用变化而造成的生态服务损失。除了 Costanza 团队外，Groot 等结合全球研究案例评估了 10 个主要类型的生态系统的服务价值，其中包括湖泊、内陆和沿海湿地、开放海洋、海岸系统、珊瑚礁、热带和温带森林、草原和林地，该研究估算的单位面积的价值是 Costanza 等估算价值的 8 倍；Sannigrahi 等核算了 1995 年、2000 年、2005 年、2010 年和 2015 年的全球生态系统服务价值，并讨论了价值变化与土地利用变化之间的关系。

全球尺度的研究中也有针对于单一类型生态系统或生态系统提供的特定服务功能的价值核算，例如 Watanabe 等基于能值系统理论将能值转化为等价货币的方法，评估了与水、碳和氮的生物地球化学循环相关的生态系统服务价值（气候调节、水文调节、粮食生产、土壤形成等服务功能）；Schild 等分析了全球范围内各地社会经济、环境和方法指标在解释 9 类旱地生态系统服务的货币价值估计方面的相对重要性；Acharya 等利用 1994—2017 年的 1156 篇期刊论文，从时间趋势、理论方法、最常被评估的服务类型、生物群落、经济和管理模式等方面对全球森林生态系统服务评估进行了综合分析。

#### 1.3.4.2 区域尺度生态系统服务价值评估

区域尺度生态系统服务价值评估的研究范围主要包括行政区范围、流域或某地形区域范围等。

我国比较有代表性的研究有欧阳志云和谢高地团队的研究。欧阳志云等运用影子价格、替代工程等方法评估了我国生态系统的经济价值，研究了陆地生态系统中有机物质生产、二氧化碳固定、氧气释放、污染物降解以及水源涵养、土壤保护方面的生态服务功能。2016 年欧阳志云等量化了在 2000 年之后我国进行生态保护和恢复的生态系统服务功能价值变化，该研究结果表明我国生态系统服务有所改善，其中粮食生产、固碳和土壤保持都表现出了强劲的增长，但是为生物多样性提供的栖息地逐渐减少。和欧阳志云团队相比，谢高地团队的研究基于 Costanza 的研究结果修订了更符合我国生态系统服务评估的价值当量因子，被广泛应用于各地区的生态系统服务价值研究中。谢高地等根据在我国对 700 位生态方向的专业研究人员问卷调查，提出 Costanza 的研究方法在我国应用的争议和缺陷，依据我国社会经济发展和生态系统现状修订了该方法，并应用于我国自然草地、主要陆地、农田、青藏高原地区以及高寒草地等不同范围和不同生态系统的服务功能价值评估中。

此外，对于全国范围的研究还有很多，主要是针对各类生态系统研究，分析比较时空尺度变化、地区差异和单项服务功能差异等。陈仲新和张新时评估了我国生态系统功能与效益，并分类计算了陆地、海洋、森林、湿地、草地、近海海岸带等多种分类生态系统的经济价值；毕晓丽和葛剑平基于国际地圈生物圈计划（International Geosphere Biosphere Programme，IGBP）提供的土地覆盖数据评估了我国陆地生态系统服务功能价值，分别计算了各省级行政区的生态系统服务价值并与经济发展情况结合分析；吴霜等以能值理论评价了 1990 年、2009 年我国森林生态系统的服务功能价值并对其密度变化进行了讨论；张翼然等结合全国 71 个湿地研究案例，分析比较了全国各地区内陆湿地的生态系统服务价值；颜俨等应用 Meta 分析评估了我国内陆河流域的生态系统服务价值。

在流域或地形区域方面，张志强等应用条件价值评估法对黑河流域张掖地区的生态系统服务进行了价值评估；谢高地等评估了青藏高原地区生态系统的服务价值，并进一步比较了单一生态系统和单一服务功能的价值；张志国和卫建军根据 Costanza 和国内学者研究定量评估，比较了延河下游流域在退耕前后的生态系统服务价值变化；贾芳芳基于 InVEST 模型模拟评估了赣江流域 2000 年、2005 年、2010 年的水源供给、碳储存、土壤保持三大类生态系统服务功能的价值，对比分析了赣江流域六大森林生态系统的服务功能并进行了功能重要区分级；严恩萍等结合土地利用分类和生态敏感性指数分析了三峡库区的生态系统服务价值变化及驱动因子，利用生物量修订了林地生态系统服务价值的评估标准；贾军梅等评价了太湖生态系统 2000—2009 年服务功能价值变化，并将服务功能分类结合当地发展分析了其转变趋势和原因；丁丽莲等基于 1984—2014 年淀山湖地区的土地利用变化评估了该地区的生态系统服务价值及其驱动因子；伍博炜等以汾河流域为例，研究了黄土高原的生态脆弱区的土地利用变化和生态系统服务的价值变化，比较了该流域各行政区之间的生态系统服务价值差异。此外，也有对于长江流域、鄱阳湖、三江平原等地区的生态系统的服务价值研究。

国外在区域尺度的研究也主要可以分为行政区域、流域或地形区域的研究。例如，Gren 等研究了欧洲多瑙河流域的经济价值；Brenner 等通过空间价值转移分析，估计了西班牙 Catalan 沿海地区的生态系统服务价值；Luisetti 等对沿英格兰东部海岸生态系统价值进行了评估，并通过回顾海岸管理案例提出了支撑生态系统决策管理的实际应用；Maes 等总结了当前生态系统服务状况评估和制图方法，以净化水质这一服务功能为例，演示了生态系统给人类福祉所提供的服务；Stiurck 等分析了欧洲土地利用变化对气候调节和洪水调控两项调节服务功能的影响，并对未来土地变化情景进行了模拟预测分析；

Tolessa 等评估了埃塞俄比亚中部高地地区的生态系统服务价值，分析了近 40 年来土地利用变化对当地生态系统服务的影响。

#### 1.3.4.3 单个生态系统服务价值评价

对单个生态系统的服务价值评价主要是根据其类型分类，包括森林、湿地、河流、湖泊、海洋等不同类型生态系统。

我国学者在 20 世纪 80 年代开展了对森林资源的价值核算，蒋延玲等核算了我国 38 种主要森林生态系统的公益价值，其中森林生态系统的营养循环服务功能贡献最大，约占 40%；肖强等应用市场价值和生产成本法探讨了重庆市的森林生态系统的服务经济价值，比较了 2006 年和 2011 年的各单项服务功能变化；吴强等以马尾松林为例，评估了广西和湖南省森林生态系统的主要服务价值，测算了马尾松林的补偿标准。同时，针对其他类型生态系统，我国学者也进行了大量研究，例如江波等综合应用替代成本法、条件价值法等多种评估方法，评估了青海湖湿地生态系统带来的生态经济价值；刘利花等基于替代成本法、当量因子法等多种方法，以苏州为例研究了稻田生态系统的服务价值；徐婷等结合多种评价方法核算了 2010 年贵州草海湿地生态系统的服务价值。

国外学者 Loomis 等基于支付意愿的调查访问评价了美国 Platte 河的生态系统经济价值；Gret - Regamey 和 Kytzia 量化了阿尔卑斯山脉东部自然资源对经济发展的贡献，研究了区域发展现状下的生态系统服务效益；Ojea 和 Martin - Ortega 估算了南美和中美洲地区热带森林中水生态系统价值；Strand 等估算了巴西亚马逊森林生态系统在气候调节、原材料供应、温室气体减排和食物生产等方面的经济价值；Shah 等研究了巴基斯坦 Bahawalnagar 农业生态系统的服务价值，分类讨论了直接服务类别和间接服务类别所产生的生态价值。

#### 1.3.4.4 单一类型服务功能价值评价

单一类型服务功能价值评价主要是根据生态系统所提供的某单一类型服务进行价值评价。

我国的薛达元等探讨了长白山地区的生物多样性，并采用旅行费用法、条件价值法等评估了该地的旅游价值；叶属峰探讨了我国长江滩涂的湿地生态系统中泥螺（底栖动物优势种）的空间分布和重金属积累作用，采用市场价格法核算了泥螺的生物量经济价值，以费用替代法核算了其环境效益价值；肖洋等估算了重庆地区的土壤保持、侵蚀量，基于市场价值法等评估了该区域生态系统的土壤保持价值；史琴琴等应用社会偏好法评估了陕西省米脂县文化生态系统价值，分析了生态系统环境等因素的影响。

国外学者 Bandara 和 Tisdell 以条件价值评估法调查研究了保护斯里兰卡野生大象的价值；Pattanayak 基于集水成本固定效应回归模型量化了印度尼西亚 Manggarai 流域对下游农业等方面的生态系统服务的经济效益；Hein 等评估了荷兰国家公园 HogeVeluwe 的三种供给服务的价值，分析了时间尺度对生态系统服务分析、评价和生态系统管理的影响；Angarita - Baez 等对亚马逊河地区的哥伦比亚土著社区进行了半结构式访谈，评价了该区域的文化生态系统服务；Clarke 等对澳大利亚南部沿海湿地景观恢复的生态系统进行了文化功能价值评估。

近年来，针对不同类型和不同区域尺度的生态系统服务功能，很多研究结合了 GIS、

Meta、InVEST 等模型或分析方法，从水源涵养、土壤保持、碳存储、有机物生产、养分循环、文化娱乐、原材料生产、气候调节等方面进行了更具体和更微观的相关价值评估研究。

## 1.3.5 生态系统服务价值评估方法

总体来说，生态系统服务价值的评估方法可分为三类，即能值评估法、物质量评估法和价值量评估法。

### 1.3.5.1 能值评估法

能值评估法主要用于定量分析环境资源价值及生态系统与经济、社会系统的复杂关系，其主要思想为通过计算不同形式物质和能量的能值转换率，将其统一转化为相应的太阳能焦耳值。因此，能值评估法的原理是以能值为基准，将生态系统中的自然资源及不同种类的能量转化为统一标准的能量（太阳能），以此来实现对生态系统服务的评估。能值理论基于人类社会中绝大多数物质和能量均依靠太阳能为能量来源转化而来的事实基础，实现了生态系统中物质流、能流以及货币流三种流量的综合分析与相互换算，涉及多学科交叉知识。在计算过程中，通过一系列能值指数将研究区域和对象的物质、能量与社会经济数据相关联，因此主要被应用于区域社会经济发展的评价研究中。

运用能值评估法通过对生态系统提供给人类的各项产品与服务进行定量分析，将人类社会经济系统和自然生态系统有机结合起来，对相关经济政策的制定有重要的参考价值。但是，这种方法也存在较大的局限性：①需要很多不易获取的数据资料，计算非常复杂，分析难度也大；②评估过程中，存在很多与太阳能关系非常微弱的物质，难以用太阳能来度量；③评价结果难以反映人类对生态系统的需求性和生态系统服务自身的稀缺性。

### 1.3.5.2 物质量评估法

物质量评估法是从生态系统服务机制出发，以物质量的角度对生态系统提供的各项服务进行定量评价的方法，用生态系统服务的实际值作为评价指标和依据。对于粮食生产和林业产品提供等服务的物质量评价可通过直接观测、实地调查等方法收集研究区域的原始数据，以及查阅相关部门的统计数据来实现；而对于气候调节、水源涵养等服务往往需要采用相应的过程模型来估算生态系统服务的物质量。

基于物质量评估的结果可以客观反映相关生态过程和生态系统服务的功能量大小，其评估过程在反映生态系统结构和过程的同时，通常耦合空间显式的景观格局可以作为科学规划的依据。但是由于更加注重生态系统内在的过程和机理，评估模型需要输入的基础数据和参数多，计算过程较为复杂，各项生态服务评价结果的量纲基本不同，难以实现对各项服务的比较和汇总。此外，物质量评估过程模型依赖于空间地理信息的输入，基础数据的精细程度直接影响评估结果的精度。

### 1.3.5.3 价值量评估法

价值量评估法，即从货币价值量的角度对生态系统提供的服务进行定量评估。早期的价值量评估法为当量因子法，基于可量化的标准构建不同类型生态系统各种服务功能的价值当量，并结合生态系统的空间分布对生态系统服务价值量进行评估。当量因子法适用于大区域尺度的生态系统服务价值核算。也有学者通过市场价值法和间接市场法来评估生态系统服务的价值。直接市场法通常用于在市场上可直接交易的服务价值评估，而对于固碳释氧、土壤保持等未能在市场上交易的服务，一般通过替代市场以及支付意愿等间接市场法进行价值评估。由于生态系统服务对人类社会的作用呈现出多维的特性，如生态、社会文化和经济，以货币价值表达生态系统服务可以使生态系统服务消费者和决策者/政策制定者更好地理解自然资本在维持人类福祉中发挥的作用，可将这些信息整合到决策和政策制定过程中，以优化自然资本的使用。用直观的生态经济数字揭示生态系统提供给人类的巨大价值，不仅能提高人们对生态系统保护重要性的认识，也为管理决策者合理利用和保护生态系统服务提供了依据。

价值量评估方法的优势在于：以货币形式反映评估结果，可以衡量不同生态系统的同一项服务功能以及综合分析同一生态系统的不同服务功能；方便公众直观地理解，同时也能使相关政府部门和各级决策者对生态系统服务产生足够的重视，有利于生态补偿机制的制定。生态系统对人类社会的重要性包含“物质基础、经济和社会文化三个维度”，现有的价值量评估法倾向于只考虑可市场化的生态系统服务直接经济价值，而忽略了间接经济价值和社会文化价值等非市场化的公共服务价值。将生态系统服务价值的评估局限于只具有直接使用价值和市场价格的服务上，系统地低估了生态系统服务的价值，未能实现与决策相关的所有环境和经济权衡的全面核算。Fraser 等指出生态系统服务的社会文化价值独立于其物质价值之外，是人们通过精神丰富、认知发展、思考、娱乐和审美体验从生态系统中获得的非物质利益。生物对生态系统对人类社会价值的全面评估有助于指导在竞争性用途之间的资源分配，从而认识到仅基于显著或非显著性实物的价值评估并未考虑到生态系统退化和损失的代价。

目前较为常用的具体的价值量评估法主要有：市场价值法、费用支出法、机会成本法、恢复和防护费用法、替代工程法、影子价格法、人力资本法、旅行费用法、享乐价格法、条件价值等。一般某类生态系统服务若有其市场价格则首选市场价值法，当缺少市场价值时则采用替代市场法（如费用支出法、机会成本法等），最后才是模拟市场法（如条件价值、支付意愿等法）

#### 1.3.5.4 总结

综上所述，生态环境效益评估需要通过生态系统服务价值体现，经过近 40 年的发展，生态系统服务价值经历了从无到有，从简单到复杂，从笼统到细化，从实物评估到能值评估和价值评估的发展过程。目前，人们对生态服务功能在认识及经济评价这两个方面均存在不确定性，因此，寻求科学的方法来量化生态系统服务价值，明确其价值水平，将对未来进一步完善生态系统服务功能价值量评估产生深刻影响。但是针对南水北调这种大型跨流域调水工程，还未见成熟的生态环境效益评估指标体系和评价方法，亟须开展针对性研究。

(1) 研究现状。国外对生态系统服务功能价值评价研究，最早起源于 20 世纪 60 年代末，日本发起的基于森林公益机能与数量化理论多变量解析的方法，实现关于森林生态服务价值的三期变化评价与经济价值的研究。1997 年，Costanza 等发表了关于全球生态系统服务价值及其相关研究的论文，开创了对于生态系统的服务功能及其价值研究的先河和蓝本，其将生态系统服务及其功能得以被分为数个大类，并分门别类进行价值研究和评估。Daily 详尽阐释了生态系统服务价值的评估指标和纲要，认为生态系统服务功能主要是指生态系统及其过程中所形成的人类赖以生存的自然环境条件与效用，包括对人类生存及人类生活质量有贡献的生态系统产品和生态系统功能，并且将生态系统服务功能划分为生态系统产品和生命支持功能这两类服务功能，同时对海洋、森林和草地等 3 类生态系统在生态系统产品和生命支持功能的价值贡献进行了评估。Pimentel 等主要对生物多样性提供的各项服务价值加以评估，给出了一系列关于生态系统的最佳估算评价模式和对于人类维持生物多样性的支付意愿方法（WTP）。2001 年 6 月联合国秘书长安南宣布启动千年生态系统评估（Millennium Ecosystem Assessment，MA），由 95 个国家 1300 多名科学家历时 4 年完成了《千年生态系统评估报告》（UNMA—2005），评估报告把生态系统的服务功能归纳为 4 类：供给功能、调节功能、文化功能、支持功能。2017 年 3 月，联合国统计委员会第四十三届会议通过《环境经济核算体系 2012 -中心框架》作为一项国际标准，这是第一个环境经济核算体系，首个国际统计标准，用来描述环境与经济之间的相互作用，以及环境资产的存量和变化量。

我国学者对于生态系统服务功能价值的研究可以追溯至 20 世纪 90 年代中期。谢高地等按照 Costanza 的 17 类生态系统逐项估算，估算出了各类草原生态系统的服务价值，制订了全国范围内的生态系统服务价值当量表与全国草原每年服务价值总额。欧阳志云、陈仲新、徐中民等学者也开展大量的研究，取得了丰硕的成果，对我国未来的生态系统服务价值及其相关研究具有重要的奠基意义和价值。朱晓博等从供给、调节、文化和支持 4 方面对 2007—2012 年的北京市永定河生态系统服务做出货币化价值评估。王一平采用生态系统服务功能价值的核算得出南水北调中线工程水源地的生态补偿量为 44.24 亿元。闫峰陵等运用环境经济学理论和方法，定量评估了规划实施的丹江口库区水土保持近期项目的生态服务功能价值。白景锋以南水北调中线河南水源区为例，评估得到水土保持林建设工程实施后每年所增加的生态系统服务价值为 35.0 亿元。唐见等运用市场价值法、影子价格法和机会成本法等评估水源区生态系统服务价值为 2429.4 亿元。杨丽等采用了分摊系数法、开采损失法、影子价格法以及替代工程法，计算了南水北调中线工程向北京市供水的经济效益和生态环境效益为 311.76 亿元。江波等利用市场价值法、替代成本法、个体旅行费用模型法和支付卡式条件价值法评估 2011 年白洋淀湿地的生态服务价值为 35.55 亿元。

（2）存在的主要问题。国内对生态系统服务价值评估及其应用研究取得了较为丰硕的成果，为我国水资源开发利用、生态环境保护等相关规划、制度、决策的制定提供了重要参考和依据，但是，与国际先进水平相比仍有一些差距。主要表现在：首先，相关理论基础研究较为薄弱。对生态系统服务概念界定不够明晰，研究中常常忽视生态系统服务及其相关因子的空间属性特征，生态系统服务影响因素研究不足；其次，生态系统服务价值评估的科学性和规范性亟须增强，评估框架体系亟须健全，评估技术方法尚待规范。不同群体对生态系统服务的功能需求存在差异，致使生态系统服务分类体系构建缺乏针对性与深度；最后，研究成果社会应用范围狭小，难以应用于环境、经济相关领域。部分以宏观大尺度为主的生态系统服务价值评估研究，容易忽视微观环境下物种多样性调查研究，另外，地表覆盖变化数据采集、评估计量模型、参数确定方法等科学性仍有待提高。

## 1.3.6 生态环境脆弱性研究

### 1.3.6.1 生态脆弱性的内涵

研究生态脆弱性是解决当今世界人口增长、资源短缺、生态环境恶化三大问题的重要途径。关于生态脆弱性的概念，最早是由美国学者 Clements 于 1905 年提出生态过渡带的概念，并将其引进生态学领域中。国际地圈生物圈计划、国际生态学计划以及人与生态圈计划在 20 世纪 60—80 年代将生态脆弱性作为其重要研究项目。苏联地理工作者认为脆弱的生态系统是与其自身的稳定性、动态发展规律、可逆性阈值状态具有密不可分的关系。Holling 和 Carpenter 分别在 1973 年和 2004 年得出生态环境遭受到干扰后能够恢复的即为稳定的，反之系统达到某一限值时失去了恢复能力，稳定性遭到破坏，而这一限值就是使生态环境脆弱化的关键。1989 年，Armand 等针对生态环境脆弱性转变所产生的时空突发性进行探究，提出脆弱性是系统行为、结构、自身发展等质量重建时发生变化的定义。

我国学者对生态脆弱性的概念提出了不同的定义。1989 年，学者牛文元以生态交错带的视角定义生态脆弱带为：在生态系统中，处于两种或者两种以上的物质体系、能量体系、结构体系、功能体系之间所形成的“界面”，以及围绕界面向外延伸的“过渡带”的空间域。同年，葛全胜从人文角度入手指出人类活动规模和强度的增长会使稳定的生态环境逐渐脆弱化。1995 年，赵桂久阐述生态环境脆弱性是生态系统所具有的固有属性在影响因素作用下的状态。1999 年，赵跃龙将生态环境脆弱性定义为是由生态环境系统本身及外在干扰活动或者呈现过程的负面反应，以生态脆弱度表示影响活动的程度和反应速度，其由影响因素的强度、特质以及环境本身的基本要素和内部稳定性决定。2000 年，郐建国等提出任何生态环境均有不同程度的不稳定性，因而生态环境脆弱性是指相对而言的概念，并指出不同生态系统的脆弱性表现形式因其结构、功能、能量等方面的差异而不同。2001 年，刘燕华认为生态脆弱性的本质是生态环境遭到由内部结构不稳定与外部干扰这两方面因素而出现正常功能的破坏，从而致使生态环境发生退化等现象。2005 年，李克让以“压力-状态-响应”为出发点提出了脆弱或特别敏感的生态环境是指生态系统受到外界较大生态压力而处于其生态阈值附近的状况。

虽然诸多专家学者以及相关研究机构对生态环境脆弱性的内涵与认识各有千秋，但总体上来说脆弱的生态环境主要是由内部不稳定与外部干扰所影响，其具有稳定性低、自身再生、恢复及承受干扰的能力相对较差、敏感度较强等特点。

### 1.3.6.2 生态环境脆弱性评价研究进展

生态环境脆弱性评价研究是人地可持续发展的热点问题之一。国际上针对生态环境脆弱性评价研究早已广泛开展。Aspinall 等构建了汇水区健康指标体系，并对区域生态环境健康及变化规律进行评价与研究。Polsky 等提出 VSD 综合评价模型来解决指标体系中的信息烦琐冗长的问题来进行脆弱度的评价。Smith 等介绍了 11 种生态脆弱性评价的方法以及其适用性。Kelly 等叙述了脆弱性与适应性的联系，并讨论了气候变化下的脆弱性评估方法。Deressa 等将脆弱性评价方法大致分为社会经济学法、自然生态学法与综合方法三类，使之能采用合适的方法对生态环境进行脆弱性评价。Liem T 等以大西洋中部地区为例，采用层次分析法对其生态环境进行了脆弱性评估。IPCC 的三次评估报告不仅指出了适应性及脆弱性评价的作用，而且对自然环境与人类活动的敏感性、气候变化潜在因素、脆弱性及适应性进行评估。S. AI－Jeneid 等借助地理信息系统及遥感技术对海洋生态系统进行脆弱性的评价，并探究影响该区域海平面上升的驱动因子。

国内对生态脆弱性评价的研究相对较晚，但近年来发展的速度非常快。卢亚灵等以 GIS 为平台，采用主成分分析法对环渤海地区进行生态脆弱性评价，并对其脆弱程度进行了空间自相关分析。李滨勇等运用模糊综合评判法与层次分析（AHP）法对北疆地区 8 个地州进行生态脆弱性评价，并根据其隶属度大小对脆弱度进行分级。付博等将神经网络模型应用于扎龙湿地生态脆弱性评价中，得到研究区轻度及潜在脆弱区占总体 63%，中度及重度脆弱区占总面积 18%。裴欢等凭借遥感与 GIS 手段，分别从生态敏感、生态压力及生态稳定 3 个角度综合考虑，针对吐鲁番绿洲进行生态脆弱性评价，结果表明 80% 以上区域呈现中度脆弱状态，且呈现由东向西逐渐增长的特征。廖雪琴等运用综合指数法与层次分析法，结合 GIS 技术对阜新矿区进行生态脆弱性评价，有新建或规划煤矿的区域生态脆弱度均较高，说明生态环境保护与矿区的建设有制约关系。李平星等基于 VSD 模型建立了包含自然及人为因素为评价指标体系的脆弱性评价模型，并对广西西江经济带进行脆弱性评价，提出东西部地区脆弱程度较高且自然因素占主导作用，中部地区脆弱度相对较低，其驱动因素是人类活动。张德君等采用 GIS 与 EVI 评价法对南四湖湿地进行生态脆弱性评价。马真臻等依照我国西北干旱区的环境特征及变化规律，采用层次分析法对甘肃西湖以及苏干湖自然保护区进行生态脆弱性评价。马骏等基于地理信息系统技术及空间主成分分析理论对三峡库区进行了生态脆弱性评价。温晓金等基于 TOPSIS 法的基本理论对商洛市生态系统脆弱性进行评估，得出全市脆弱性在空间差异上表现出先增大后减小的趋势，在 2013 年地区之间的差距最小；脆弱性低值样本在时间上呈上升趋势，高值样本则是在 2003—2008 年间达到最大值。

#### 1.3.6.3 生态脆弱性演变及驱动力的研究进展

生态环境脆弱性演变特征及规律是深入探究区域脆弱生态环境内在机理的研究，越来越多的学者对生态环境脆弱性演变机理及驱动力进行了大量的研究。2008 年，王瑞燕等以突变论、熵等理论为依据，以遥感技术为手段，对垦利县生态环境脆弱性时空演变进行研究，得出 1987—2005 年间研究区生态环境逐渐恶化，并在 1997 年及 2004 年发生了突变，而在空间上该区域生态脆弱性是渐变的。2011 年，艾合麦提·吾买尔开展了于田绿洲人类活动及生态环境演变特征研究，取得于田绿洲生态环境演变主要依照是人类活动程度来确定的结论。2013 年 5 月，雷波将 GIS 和 RS 技术及空间主成分分析理论应用于黄土丘陵区延河流域，分析其区域生态脆弱性演变的驱动机制、运动规律及空间分异特征。同年，李树元利用 LP－SPR 评价模型及生态景观格局理论，结合 AHP 法与空间主成分法对海河流域生态环境脆弱性进行评估，并确定流域土地资源不合理利用、气候条件及人口增长是导致脆弱生态环境产生的主要驱动力。2014 年，王岩等基于城市脆弱性的概念，剖析了影响脆弱化的因素，结合综合指数评价与系统分析两种方法分别对大庆市各子系统及综合体系脆弱性动态演变特性进行探究，得出 1990—2012 年研究区除资源脆弱性呈上升趋势外，经济、社会、生态环境脆弱性均呈下降趋势，大庆市处于中度向较低脆弱度转化阶段。2015 年 9 月，付占辉等采用熵值法及主成分分析法对郑州市生态环境演变规律及驱动力进行探索，阐明郑州市近 20 年生态环境综合脆弱性大体上波动缓慢下降，并提出经济发展与城镇化因素是该地区生态脆弱性的主要驱动力。2015 年 12 月，周松秀等运用主成分分析法对衡阳盆地进行生态脆弱性时间演变分析，表明农业生态脆弱度指数以轻度为主，并呈降低趋势，主要表现为脆弱性快速下降阶段—脆弱性波动下降阶段—脆弱性稳定下降阶段。2016 年，姚雄等通过对福建省长汀县生态环境影响因素的分析，建立以坡度、降雨量、归一化植被指数等 7 项指标的评价体系，并定量分析该地区生态脆弱性的时空分布及变化，分析出 1999—2014 年该地区生态脆弱等级指数是总体减小，但局部增大；空间格局呈外低内高特点。

综上所述，虽然在湿地生态环境脆弱性评价与演变特性领域的研究取得了大量的成果，但由于其研究主要是针对具体湿地提出和开展的，其研究成果的普适性与系统性仍有待进一步完善。由于不同区域的自然环境与社会经济的差异，各指标在区域生态环境脆弱性影响程度上也会存在差距，况且还未有相关研究制定出统一的指标体系、评价方法及等级标准。黄河下游湿地是我国珍贵的、不可替代的资源之一，其作为新生代湿地生态系统相较于其他湿地具有独特的气候因素、地质地貌、社会经济等自然与人文环境，以此形成黄河下游湿地自身特有的演变机制，故对其脆弱的生态环境进行相关研究十分必要。因此，应针对黄河下游湿地的生态环境建立具有科学性、适用性、代表性强的评价体系，从而能够了解该地区生态环境脆弱程度及演变过程，继而为提出黄河下游湿地生态环境可持续发展模式提供技术支持，为拓展湿地生态环境系统脆弱性评价与演变特征研究思维，对生态脆弱地区乃至非生态脆弱区进行相关的研究都具有借鉴价值。

## 1.4 主要研究内容

以正确认识与阐明湿地生态服务价值，科学鉴别与系统揭示黄河下游湿地生态环境系统演变机制为指导思想，根据生态系统生态服务功能理论及生态经济学和环境经济学基本原理，以科学、严谨、系统、创新为基本原则，基于湿地系统演变机理，构建黄河下游湿地生态环境系统服务价值指标体系，定量评估湿地生态服务价值，分析湿地生态服务效益存在的主要问题，提出新时代湿地生态服务可持续提升的措施与建议。主要研究内容包括：

（1）黄河下游湿地生态环境系统演变机理研究。分析黄河下游湿地对水文和水沙动力过程的响应机制，研究植被-滩涂-河流界面和大气-植被-土壤界面物质和能量通量，分析湿地生态系统的演替过程；研究湿地生态系统和环境影响的关键因素与驱动机制，研究驱动系统与湿地生态系统耦合过程，分析黄河下游湿地生态环境系统演变的机理。

（2）黄河下游湿地生态系统服务价值评估。基于黄河下游湿地生态系统的演变机理，分析湿地生态系统服务价值评价的目标、准则、因素与因子，构建下游湿地生态系统服务价值评价指标体系；归纳分析当前国内外有关湿地生态系统服务价值评价理论和方法，基于黄河下游湿地生态系统服务的内涵及类型，结合客观评估法和主观评估法、物质转换法和能值转换法，确定合适的评价模型与方法，进行生态服务价值货币化定量评估。

(3) 黄河下游湿地生态修复技术与保护措施。在科学分析黄河下游湿地生态环境演变与生态服务价值特征的基础上，针对湿地生态系统存在的主要问题，提出湿地生境、湿地生物、湿地结构与功能生态修复的一体化集成技术；从制度与管理、经济手段和激励政策、社会和行为对策、技术、知识和认知等方面提出湿地生态服务价值可持续提升的对策与建议。

## 1.5 研究的技术路线

通过广泛调查收集整理新乡黄河滩涂湿地所在区域生态、环境、经济、社会等基本资料，采取理论分析与实证调查相结合、定性分析和定量评估相结合的技术方法，从黄河下游滩涂湿地的特点出发，以多学科联合为基础、以多维度分析为手段，构建黄河下游湿地生态环境系统服务价值评价指标体系、模型、评估方法，科学评估新乡黄河滩涂湿地的生态系统服务价值，提出具体的生态修复技术与可持续提升措施。研究技术路线如图 1-2 所示。

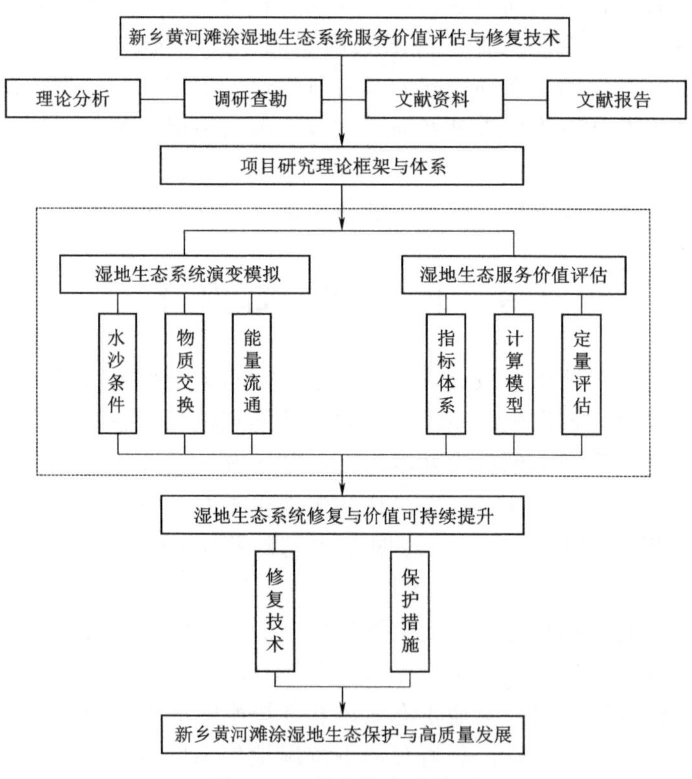


图 1-2 研究技术路线图

# 2 研究区概况

## 2.1 自 然 概 况

### 2.1.1 地理位置

研究区域位于河南省新乡市，湿地保护区总面积为 22780hm$^2$，其中核心区面积 7973hm$^2$，缓冲区面积 7290hm$^2$，实验区面积 7517hm$^2$。保护区范围为东经 114°13′53″～114°52′30″，北纬 34°53′13″～35°06′21″，包括黄河大堤（包括黄河滩涂、河心沙洲等陆地）以及黄河背河洼地区域，如图 2－1 所示。新乡黄河滩涂湿地是国家级鸟类自然保护区，其西北界距新乡市约 60km，南界距开封市约 10km，西南界距郑州市约 60km。保护区东西长约 70km，平均宽度约 3.5km。

图 2－1　研究区地理环境示意图

### 2.1.2 地形地貌

保护区地质构造处于秦岭东西构造带北支与新华夏构造系第二沉积带的华北凹陷和第三隆起带的太行隆起的复合部位。地层主要有第三系、下更新统、中更新统、上更新统、全更新统等。

保护区地貌属黄河流域冲积平原豫北平原地区，地势平坦，略向东北倾斜，地面坡降小。保护区地貌类型主要包括黄河现代河床、河漫滩、阶地及背河洼地等，海拔为73～80m。研究区地形地貌如图2-2和图2-3所示。

图2-2 研究区地形地貌示意图（一）

图2-3 研究区地形地貌示意图（二）

### 2.1.3 水文气象

湿地区域属暖温带大陆性季风型气候，四季分明。春季干旱多大风，降雨较少，气温回升快，夏季炎热多雨，秋季干燥凉爽，冬季寒冷，少雨雪。

多年平均气温13.6℃，1月平均气温为－0.5℃，7月平均气温为27.8℃。年平均降水量580.8mm，年均蒸发量1077.7mm。雨量全年分布不均，多集中在7—8月两个月。主导风向是东北风，年平均最大风速2.3m/s，其次为西北风。全年无霜期约208天。年日照时数2415.5h，日照百分率为55%。研究区水文环境如图2-4所示。

图 2-4 研究区水文环境示意图

### 2.1.4 土壤情况

保护区土壤主要是由黄河历史上多次泛滥冲积而形成的黄河沉积土质。分为潮土和风沙土两大类，黄潮土、盐碱化潮土和冲积性风沙土3个亚类，沙土、两合土、淤土、盐碱土、风沙土和灌溉土6个土属。土层较厚，局部夹黑色淤泥，厚度为10～20m，有机质含量一般为0.34%～1.3%。

## 2.2 社会经济

### 2.2.1 研究区人文文化

新乡市共辖12个县级行政区，包括4个市辖区、3个县级市、5个县，分别是卫滨区、红旗区、牧野区、凤泉区、辉县市、卫辉市、长垣市、新乡县、获嘉县、原阳县、延津县、封丘县，总面积8249km$^2$。新乡市农用地（包括耕地、园地、林地、牧草地和其他农用地）面积569356hm$^2$，占全市土地总面积的69.02%。耕地面积为454200hm$^2$，占全市土地总面积的55.06%。园地面积为11302hm$^2$，占全市土地总面积的1.37%，主要分布在北部山丘区和沿黄滩区。林地面积为56712hm$^2$，占全市土地总面积的6.87%，主要分布在北部太行山区、丘陵地区和沿黄滩区。

研究区涉及封丘县的荆隆官乡、陈桥镇、曹岗乡、李庄乡和尹岗镇5个乡镇，滩区内共有43个行政村10.06万人，其中贫困村15个。滩区内耕地肥沃，土地平整，地理条件和环境位置独特，特别是村庄搬迁后留下了2万多公顷没有村庄的广袤耕地，非常适宜土地适度规模经营，主要种植作物以小麦、玉米为主，经济作物面积0.72万hm$^2$，是黄河中下游平原地区人口稠密区交通发达地带遗存下来的较大生态湿地。南北方动植物物种广布，种类十分丰富，具有重要的生物多样性保护意义和潜在的生态旅游价值、科研开发潜力。湿地蕴含着丰富秀丽的自然风光，是人们休闲旅游观光的好地方。

### 2.2.2 社会经济发展

2019 年，新乡市生产总值为 2918.18 亿元，按可比价计算，比 2018 年增长 7%。其中，第一产业增加值 253.62 亿元，增长 3.1%；第二产业增加值 1338.57 亿元，增长 8.6%；第三产业增加值 1325.99 亿元，增长 5.8%。三次产业结构为 8.7∶45.9∶45.4。人均生产总值 50277 元，增长 6.5%。2020 年，全市实现地区生产总值 3014.51 亿元，总量居全省第 6 位，同比增长 3.2%，高于全省水平 1.9 个百分点，增速居全省第 4 位。分产业看，第一产业增加值 293.36 亿元，增长 1.8%；第二产业增加值 1352.45 亿元，增长 4.2%；第三产业增加值 1368.7 亿元，增长 2.2%。三次产业结构为 9.7∶44.9∶45.4。

2019 年，封丘县全年生产总值为 233.03 亿元，按可比价计算，比 2018 年增长 7.7%。其中，第一产业增加值 48.59 亿元，增长 4.2%；第二产业增加值 84.48 亿元，增长 12.4%；第三产业增加值 99.96 亿元，增长 5.5%。三次产业结构为 20.9∶36.2∶42.9。人均生产总值为 32462 元，增长 11.3%。根据全国第四次经济普查结果，新乡市统计局对 2018 年生产总值初步核算数进行了修订，修订后的 2018 年全县生产总值为 209.39 亿元，其中第一产业增加值 43.53 亿元，第二产业增加值 74.21 亿元，第三产业增加值 91.65 亿元。全年全县一般公共预算收入 70087 万元，同比增长 15.9%，其中，税收收入 52341 万元，增长 15.4%，占一般公共预算收入的 74.7%。一般公共预算支出 437889 万元，同比下降 6.1%，支出分级完成情况：县本级完成 385381 万元，比去年同期下降 10.8%；乡镇级完成 52508 万元，比去年同期增长 53.4%。

# 3 湿地生态系统服务价值评估指标体系

评估指标体系是一个具有内在结构的有机整体，指标体系从不同维度将指标有效系统地组织起来。在对研究对象进行统计评估时，一个指标往往只能代表某一方面的特性，只有采用多个能反映其不同特征的指标才能综合全面地对研究对象总体特性进行科学合理的评估。

## 3.1 构建的思路与原则

### 3.1.1 构建思路

由于现阶段湿地生态系统仍缺乏成熟和具备高度可操作性的规范式制度，并且不同湿地的生态特性，研究的侧重点也各不相同，其研究方法也不统一，尚存在诸多没有得到有效解决的问题。因此，构建新乡黄河滩涂湿地生态系统服务价值体系，要在结合借鉴国内外诸多研究结论的同时，还要立足区域实际情况。

生态系统服务价值核算是将生态系统和经济系统这二者完全纳入同一核算体系的桥梁，是把“绿水青山”和“金山银山”涵盖于一个框架体系之中，是“两山论”的直接体现。作为我国的第二长河——黄河的下游湿地，所选核算方法与核算结果要具有可重复、可比较、可复制性，使同一区域的核算结果可验证，使不同区域的核算结果可比较，使核算技术体系在不同地区可推广、能移植、可循环。

生态系统服务价值核算还必须以精确客观地测量、估算的实物量核算为基础，实物量核算作为价值量核算的前提，仅有价值量的生态系统服务不予以核算。

### 3.1.2 基本原则

构建合理的指标体系是准确评估湿地生态系统服务价值的基础。利用多种评价方法组合体系将表达方式确定为可货币化形式。依照以下原则构建生态系统服务价值评价指标体系：

（1）科学性。评价指标体系构建时，力求准确、科学地反映黄河下游湿地的实际情况，各个指标之间尽量不存在重复、隶属、重叠和涵盖信息，能够从不同角度全面地体现问题本质，形成一个完整的评价指标体系。

（2）全面性。指标体系是一个整体，具有全面性和综合性，需考虑到研究区的全部服务价值，减少评估过程的重复和冗余。指标体系不仅要从湿地环境所构成的生态系统层面上的效果，还要从宏观角度分析对区域整体以及生态系统的影响。不同湿地的环境情况不同，因此在构建选取指标时还要与区域实际情况相结合，能够尽可能真实地反映新乡黄河滩涂湿地的具体情况。

（3）代表性。选取具有典型性、代表性，可以反映实际情况的指标。生态服务价值评估的涉及面较广，表现形式多样，指标选择上力求具有代表性，避免指标体系的庞杂与烦琐。

（4）可操作性。生态系统服务价值评估的部分指标可量化，部分指标是不可量化的，只能定性描述。指标选择时充分考虑数据的可获取性、可量化性和可操作性，尽量选择可量化指标。对新乡黄河滩涂湿地进行生态服务价值评估时，需要根据周边区域的实际特点构建指标体系并分别建立估算方法选定的指标，应尽可能使用可靠简便的计算方法和统计手段，尽量使用政府相关统计部分的公开资料，减少难以量化或者定性的指标；同时指标设置不应过多，不能盲目追求指标体系的完整性，使评估工作过于复杂。

（5）层次性原则。生态服务价值评估涉及供给、调节、支持、社会等各个方面，每个方面又涉及多个因素，不同指标之间可能存在隶属和包含关系。因此，应构建结构明晰、层次感强的指标体系，系统、完整地表征新乡黄河滩涂湿地生态服务价值。

## 3.2 指标体系构建

随着人们对生态资产研究的深入，逐渐认识到生态系统服务功能的重要性，资源经济学、生态价值评估方面的研究也逐渐成为研究的热点。20 世纪 90 年代以后，生态资产价值评估进入快速发展阶段，探索出不同的研究方法。生态系统内部联系密切，价值表现形式非常隐蔽且形式多样，常规的评估方法不能适应生态价值评估需要，生态价值评估仍然处于探索阶段，评估结果很难做到精确。结合目前生态价值评估研究进展，通常使用直接市场法、间接市场法等进行评估。因此，按照生态系统服务价值的内涵，新乡黄河滩涂湿地生态服务价值共分为供给、调节、支持和社会四个方面的功能。

对于生态系统服务价值研究是基于基础数据、生态学、工程学、经济学、社会学方法和理论，对生态系统服务进行定量评价。国内外对生态系统服务定量评价主要采用物质量评估法、价值量评估法和能值评估法等 3 种方法。结合新乡黄河滩涂湿地的具体特性，本书拟采用价值量评估方法对新乡黄河滩涂湿地生态系统服务价值进行核算。价值量评估方法的主要优势表现在：①评估结果都是货币值，既能进行不同生态系统同一项服务的比较，也能将某一生态系统的各项服务综合起来分析；②评估结果能够引起人们对生态系统服务的足够重视，促进对生态系统的保护和其服务的持续利用；③价值量评估研究能促进生态资源价值核算，将其纳入国民经济核算体系，最终实现绿色 GDP 核算。在具体拟采用的计算模型与方法上，主要有市场价值法、替代工程法、影子价格法、替代成本法、费用分析法、开采损失法、能值转化法、旅行费用法、条件价值法等。

（1）市场价值法。市场价值法是对有市场价格的生态系统产品和功能进行估算的方法，其建立的依据是生态系统质量不同所提供的产品和服务质量与数量是不同的，基本原理是将生态系统作为生产中的一个要素，生态系统的变化将导致生产率和生产成本的变化，进而影响价格和产出水平的变化，或将导致产量和预期收益的增加或损失。所以，针对产品或服务的产出水平可以计算出该产品或服务所依存的生态系统的价值量。其优点是比较可靠，争议少，其缺点是评价对象与可市场化商品的联系认识不足，数据需要足够全面。

(2) 替代工程法。替代工程法是恢复费用法的一种特殊形式。当生态系统的某种服务价值难以直接进行估算时，可借助于能够提供类似功能的替代工程的价值来替代该生态系统服务功能的价值。例如要估算生态系统的涵养水源服务功能时如果要修建能够蓄存与该生态系统的涵养水源量等同的水库，则修建水库的成本就可以用来估算该生态系统的涵养水源服务价值。

(3) 影子价格法。市场价格是商品经济价值的一种表达方式，但由于水生态系统所提供的产品或服务属于“公共商品”，经济学家利用替代市场技术寻找水生态“公共商品”的替代市场，在市场上与其相同的产品价格来估算“公共商品”的价值，这种相同产品的价格被称为“公共商品”的“影子价格”，比如，用于评价生态系统释放氧气价值的工业制氧法就属于影子价格法。

(4) 替代成本法。替代成本法的基本假设是，替代被破坏的生产性资产所支出的费用，是可以计量的，这些费用可被解释为防止损坏发生的预期收益的价值，类同于预防性开支，是以提供替代服务的成本作为生态服务的价值，即人工建造一个系统，来取代原来的生态系统可以实现并完全替代原来的全部生态服务功能，用新建这样一个系统所需要花费的成本作为原来生态系统服务功能的价值。

(5) 费用分析法。费用分析法分为防护费用法和恢复费用法两类。防护费用法是指人们为了消除或减少生态系统退化的影响而愿意承担的费用。例如，在水环境不断恶化的情况下，人们为了得到安全卫生的饮用水，购买、安装净水设备；为了防止低洼的居住区被洪水吞噬，采取修建水坝等预防措施。由于增加了这些措施的费用，就可以减少甚至杜绝生态系统退化带来的消极影响，产生相应的生态服务价值；避免了的损失，就相当于获得的效益。生态系统受到破坏后，会给人们的生产、生活和健康造成损害。为了消除这种损害，其最直接的办法就是采取措施将破坏了的生态系统恢复到原来的状况，恢复措施所需要的费用作为环境资源和生态系统破坏带来的最低经济损失，即该生态系统的价值。

(6) 开采损失法。如果现有储量的地下水被开采后，因地面沉降和地下水位下降会造成多方面的经济损失，这些损失之和即可视为地下水预防地面沉降的间接经济价值。开采损失法，是通过计算地下水储变量，然后再计算地下水亏损造成的直接和间接经济损失的总和，由此换算出单位体积地下水亏损所造成的经济损失。

(7) 能值分析法。能值分析法是由美国生态学家 Odum H. T. 于 20 世纪 80 年代创立的一种以能值为测度单位的环境-经济系统综合核算方法，这种定量研究已经广泛应用于区域可持续发展的战略性研究中。它着重于系统整体特性（自然属性和经济特征）的分析，不仅克服了分析方法（以物质流或货币流为测算单位）中不同类别能量难以比较的问题，而且从一个新的角度来看待环境资源在生态系统中的作用。能值分析法是对各类生态经济系统的结构功能及运行状况进行定量分析和评估的一种理论和方法，其中，任何流动的或储存状态的能量所包含的太阳能的量，即为该能量的太阳能。在计算新乡黄河滩涂湿地生态服务价值时，主要通过计算由于生态系统演变所带来的生态系统的能值，将其与整个区域的能值进行相比，并乘以当地的国民经济总值，从而得出其生态服务价值。

（8）旅行费用法。旅行费用法是利用游憩的费用（常以交通费和门票费作为旅游费用）求出“游憩商品”的消费者剩余，并以其作为生态游憩的价值。旅行费用法不仅首次提出了“游憩商品”可以用消费者剩余作为价值的评价指标，而且首次计算出“游憩商品”的消费者剩余。

（9）条件价值法。条件价值法也称问卷调查法、意愿调查评估法、投标博弈法等，属于模拟市场技术评估方法，它以支付意愿（WTP）和净支付意愿（NWTP）表达环境商品的经济价值。条件价值法是从消费者的角度出发，在一系列假设前提下，假设某种“公共商品”存在并有市场交换，通过调查、询问、问卷、投标等方式来获得消费者对该“公共商品”的WTP或NWTP，综合所有消费者的WTP和NWTP，即可得到环境商品的经济价值。适用于那些没有实际市场和替代市场交易和市场价格的生态系统服务的价值评估，是公共物品价值评估的重要方法。

### 3.2.1 供给功能指标体系

生态系统的供给功能服务价值是指生态系统直接向人类提供的各种产品和服务的价值总和，这些产品和服务的短缺会对人类福祉产生直接或间接的不利影响。根据新乡黄河滩涂湿地特点，供给功能的指标包括农业产品、渔业产品、水资源供给，具体指标及其含义见表3-1。

**表3-1 供给功能指标体系**

| 功能类别 | 指标 | 含义 | 估算方法 |
|---|---|---|---|
| 供给功能 | 农业产品 | 从农业生态系统中获得的初级产品，如小麦、大麦、大豆、马铃薯、油菜籽、药材、蔬菜等 | 市场价值法 |
| | 渔业产品 | 人类利用水域中生物的物质转化功能，通过捕捞、养殖等方法获取的水产品，如鱼类、其他水生动物等 | 市场价值法 |
| | 水资源供给 | 可以直接使用的淡水资源，如农业用水、生活用水、工业用水、生态用水 | 市场价值法 |

供给功能服务价值是指生态系统直接提供的产品和服务的价值，其中产品可用市场价值法进行估算，服务可用等效替代法进行估算。

各指标对应价值的具体计算方法如下：

（1）农业产品。农业产品供给价值计算公式为

$$V_{1\text{-}1}=\sum_{i=1}^{N_{1\text{-}1}}P_{1\text{-}1\text{-}i}Q_{1\text{-}1\text{-}i} \tag{3-1}$$

式中 $V_{1\text{-}1}$——农产品供给价值；

$P_{1\text{-}1\text{-}i}$——第$i$种农产品的市场价格，可通过当地物价局网站查询；

$Q_{1\text{-}1\text{-}i}$——第$i$种农产品的产量，可通过当地政府年鉴查询；

$N_{1\text{-}1}$——农产品的种类。

（2）渔业产品。渔业产品供给价值计算公式为

$$V_{1-2}=\sum_{i=1}^{N_{1-2}}P_{1-2-i}Q_{1-2-i} \tag{3-2}$$

式中 $V_{1-2}$——渔产品供给价值；

$P_{1-2-i}$——第 $i$ 种渔产品的市场价格，可通过当地物价局网站查询；

$Q_{1-2-i}$——第 $i$ 种渔产品的产量，可通过当地政府统计年鉴查询；

$N_{1-2}$——渔产品的种类。

（3）水资源供给。水资源供给价值计算公式为

$$V_{1-3}=\sum_{i=1}^{N_{1-3}}P_{1-3-i}Q_{1-3-i} \tag{3-3}$$

式中 $V_{1-3}$——水资源价值；

$P_{1-3-i}$——第 $i$ 种用途水资源的市场价格，可通过当地物价局网站查询；

$Q_{1-3-i}$——第 $i$ 种水资源量，可通过当地政府统计年鉴查询；

$N_{1-3}$——水资源用途类别。

### 3.2.2 调节功能指标体系

生态系统的调节功能主要是指人类从生态系统结构和过程的调节作用当中获取的各种收益。根据项目特点，调节功能的指标包括气候调节、水资源调蓄、固碳释氧、水源涵养、净化水质、净化空气，具体指标及其含义见表 3-2。

表 3-2 调节功能指标体系

| 功能类别 | 指标 | 含义 | 估算方法 |
| --- | --- | --- | --- |
| 调节功能 | 气候调节 | 生态系统通过植被蒸腾作用和水面蒸发过程使大气温度降低、湿度增加的生态效应 | 替代工程法 |
| | 水资源调蓄 | 生态系统通过蓄积降水和汛期削减洪峰、旱季提供水资源的生态效应 | 影子价格法 |
| | 固碳释氧 | 植物通过光合作用将 $CO_2$ 转化为碳水化合物，并以有机碳的形式固定在植物体内或土壤中，同时产生 $O_2$ 的功能，有效减缓大气中 $CO_2$ 浓度的升高，调节大气中 $O_2$ 含量，减缓温室效应 | 影子价格法 |
| | 水源涵养 | 生态系统通过其结构和过程拦截滞蓄降水，增强土壤下渗，有效涵养土壤水分和补充地下水，调节河川流量 | 替代工程法 |
| | 净化水质 | 水环境通过一系列物理和生化过程对进入其中的污染物进行吸附、转化以及生物降解等使水体得到净化的生态效应 | 替代成本法 |
| | 净化空气 | 生态系统吸收、阻滤和分解大气中的污染物，如 $SO_2$、氮氧化物、粉尘等，有效净化空气，改善大气环境 | 替代成本法 |

湿地生态服务调节功能的价值主要体现在气候调节、水资源调蓄、固碳释氧、水源涵养、净化水质、净化空气、废物处理、水土保持 8 个方面。

（1）气候调节。生态系统气候调节功能是指生态系统通过植被蒸腾作用、水面蒸发过程吸收太阳能，降低夏季气温、增加空气湿度，从而改善人居环境舒适程度的生态功能。水生和陆生生态系统对稳定区域气候、调节局部气候具有显著作用。采用替代工程法对新

乡黄河滩涂湿地系统水面蒸发调节气候价值进行计算，新乡黄河滩涂湿地的水面蒸发调节气候价值即在水生态系统遭受破坏后人工建立一个工程来替代水生态系统调节气温、增加大气湿度的价值。气候调节价值计算公式为

$$V_{2-1}=\frac{P_{2-1}Q_{2-1}}{\alpha} \tag{3-4}$$

式中 $V_{2-1}$——生态系统调节气候价值；

$\alpha$——空调能效比；

$P_{2-1}$——电价；

$Q_{2-1}$——水面蒸发所吸收的热量。

水面蒸发量、单位面积蒸发耗热量等数据来自气象、国土林业等相关部门和文献。电价从国家和地方发展和改革委员会发布的相关文件或供电部门获取。

（2）水资源调蓄。由地表水和地下水资源调蓄组成。地表水资源调蓄利用河道、水库等集中储存雨水和外调水等水资源，不仅能减少汛期大量雨水形成洪涝灾害，又可为旱季提供水资源。地下水资源调蓄通过入渗方式将地表水储存在地下含水层空间，达到丰水期自然储存，枯水期可供开发利用的目的。水资源调蓄功能计算使用影子价格法。水资源调蓄价值计算公式如下：

$$V_{2-2}=P_{2-2}Q_{2-2} \tag{3-5}$$

式中 $V_{2-2}$——水资源调蓄价值；

$P_{2-2}$——单位库容水库建造成本；

$Q_{2-2}$——湿地调蓄水量。

地表水资源总量来自于水利部门或统计年鉴；单位库容水库建造成本采用单位水库库容的工程造价，取 6.11 元/$m^3$，该数据可参考水利部门发布的工程预算或公开发表的参考文献。

（3）固碳释氧。

1）固碳。生态系统通过植物光合作用固定大气中的 $CO_2$，释放 $O_2$，并形成有机质。这种功能对于调节气候、维护和平衡大气中的 $CO_2$ 和 $O_2$ 的稳定性具有重要意义，能有效减缓大气中 $CO_2$ 浓度的升高，减缓温室效应，改善生活环境。可采用市场价值法（碳税法）或替代市场法（造林成本）来评价新乡黄河滩涂湿地生态系统固碳价值。固碳价值计算公式为

$$V_{2-3-1}=P_{2-3-1}Q_{2-3-1} \tag{3-6}$$

式中 $V_{2-3-1}$——水生态系统固碳总价值；

$P_{2-3-1}$——$CO_2$ 造林成本价或碳税；

$Q_{2-3-1}$——生态系统年固定 $CO_2$ 的量。

2）释氧。采用工业制氧影子价格法来对水生态系统释放 $O_2$ 的价值进行估算，释氧价值计算公式为

$$V_{2-3-2}=P_{2-3-2}Q_{2-3-2} \tag{3-7}$$

式中 $V_{2-3-2}$——水生态系统释氧总价值；

$P_{2-3-2}$——工业制氧影子价格；

$Q_{2-3-2}$——水生态系统植物年释放 $O_2$ 的量。

单位造林固碳成本、工业碳减排成本、碳交易价格、工业制氧价格参考相关文献或市场价格；生物量、固碳速率、各类生态系统的面积来自实地调查、文献及国土林业部门等。

(4) 水源涵养。水源涵养功能是生态系统通过林冠层、枯落物层、根系和土壤层拦截滞蓄降水，增强土壤下渗、蓄积，从而有效涵养土壤水分、调节地表径流和补充地下水的功能。可采用替代工程法，即模拟建设蓄水量与生态系统水源涵养量相当的水利设施，以建设该水利设施所需要的成本核算水源涵养价值，其服务价值计算公式为

$$V_{2-4}=F_{2-4}Q_{2-4}P_{2-4} \tag{3-8}$$

式中 $V_{2-4}$——水生态系统水源涵养的总价值；

$F_{2-4}$——当地发展系数，为了能够准确地描述经济发展阶段对生态价值影响的特征，国内外学者经过多年研究，用皮尔生长曲线和恩格尔系数求出发展系数；

$Q_{2-4}$——水源涵养量；

$P_{2-4}$——水库单位库容的工程造价。

水源涵养量来自于水利部门或统计年鉴；单位库容水库的工程造价可参考水利部门发布的工程预算或公开发表的参考文献。

(5) 净化水质。水质净化功能是指湖泊、河流、沼泽、海洋等水域湿地生态系统吸附和转化水体污染物，净化水环境的功能。根据《地表水环境质量标准》(GB 3838—2002) 中对水环境质量应控制的项目和限值的规定，选取具有代表性的指标作为生态系统水环境净化功能的评价指标。运用替代成本法核算生态系统降解水体污染物、净化水质的价值，其计算公式为

$$V_{2-5}=P_{2-5}A_w \tag{3-9}$$

式中 $V_{2-5}$——水生态系统净化水质总价值；

$P_{2-5}$——单位面积废物处理平均价值；

$A_w$——滩涂湿地生态面积。

污染物排放数据来自地方生态环境部门获取；COD、氨氮、总磷等水质污染物的治理费用可参考国家发展和改革委员会印发的《排污费征收标准及计算方法》和《关于调整排污费征收标准等有关问题通知》中的有关规定。

(6) 净化空气。生态系统大气净化价值是指生态系统通过一系列物理、化学和生物因素的共同作用，吸收、过滤、阻隔与分解降低 $SO_2$、氮氧化物、粉尘等大气污染物，使大气环境得到改善的生态效应所产生的价值。采用替代成本法，通过工业治理大气污染物的成本评估生态系统大气净化功能的价值，其计算公式为

$$V_{2-6}=P_{2-6-1}A_pQ_{2-6-1}+P_{2-6-2}A_wQ_{2-6-2} \tag{3-10}$$

式中 $V_{2-6}$——生态系统净化空气功能的服务价值；

$P_{2-6-1}$——$SO_2$ 工业处理成本；

$A_w$——滩涂湿地生态面积；

$Q_{2-6-1}$——研究区单位面积植被年吸收 $SO_2$ 量；

$P_{2\text{-}6\text{-}2}$——工业粉尘处理成本；

$Q_{2\text{-}6\text{-}2}$——研究区单位面积植被滞尘能力。

大气污染排放量数据可以从地方生态环境部门获取；单位面积大气污染物净化量可以从相关文献获得；$SO_2$、工业粉尘等大气污染物的治理费用可参考国家发展和改革委员会印发的《排污费征收标准及计算方法》和《关于调整排污费征收标准等有关问题通知》中的有关规定。

### 3.2.3 支持功能指标体系

支持服务体现在维持地下水生态、预防地面沉降、控制降落漏斗、土壤保持、维持养分循环以及维持生物多样性上，这些服务多是其他服务的基础。其中维持地下水生态主要是通过维持地下水的水位，进而维持依靠地下水而存在的植被生态系统；预防地面沉降是通过预防地表表面的下降，从而减少因地表下沉而引起的一系列损失；控制降落漏斗是主要通过避免产生大规模的地下水降落漏斗，从而避免一系列的地质灾害；维持养分循环是指养分元素在植物、动物、环境之间往复的过程。维持生物多样性包括物种多样性、遗传多样性和生态系统多样性，它维持了自然界的平衡，给人类的生存创造了良好的条件，具体指标及其含义见表 3-3。

**表 3-3　　支持功能指标体系**

| 功能类别 | 指标 | 含　义 | 估算方法 |
| --- | --- | --- | --- |
| 支持功能 | 维持养分循环 | 指养分元素在植物、动物、环境之间往复的过程 | 影子价格法 |
| | 维持生物多样性 | 包括物种多样性、遗传多样性和生态系统多样性，它维持了自然界的平衡，给人类的生存创造了良好的条件 | 生态价值法 |

湿地对生态环境的支持功能主要体现在生物生存环境效益、养分循环所代替的化肥价格等。

（1）维持养分循环。生态系统中的营养物质通过复杂的食物网而循环再生，并成为全球生物地化循环不可或缺的环节，在评估我国生态系统在营养物质的循环中的作用时，仍以我国陆地生态系统的生物量与生产力为基础，估算其重要营养物质氮、磷、钾在生态系统中的年吸收量与总储量。通过采用成本替代法来计算因新乡黄河滩涂湿地所导致的陆地生态系统每年新吸收的氮、磷、钾量，并按照当年化肥的价格予以计算其生态环境在维持养分循环方面的效益，其计算公式如下：

$$V_{3\text{-}1}=P_{3\text{-}1}(W_1+W_2+W_3) \tag{3-11}$$

式中　$V_{3\text{-}1}$——维持养分功能的价值估算；

$P_{3\text{-}1}$——化肥平均价格；

$W_1$，$W_2$，$W_3$——湿地年固定氮、磷、钾量。

在进行该部分的生态服务价值计算时，需要在新乡黄河滩涂湿地陆地生态系统的生物量与生产力为基础上，估算氮、磷、钾养分的单位面积吸收量，并需要区域的化肥价格进行调查统计。

（2）维持生物多样性。生态系统的栖息地指生态系统为动物提供栖息、繁衍、迁徙、越冬的场所，为植物提供营养物质、水、适宜的温度、阳光和一定的生活空间的功能。以 Shannon - Wiener 指数来分析湿地中鸟类多样性，该指数可以反映的是物种的丰富度和均匀度。根据前人研究，不同范围的 Shannon - Wiener 指数对应的单位面积生物多样性保护价值不同；再用生态价值法计算湿地维持生物多样性价值量，其计算方法如下：

$$V_{3\text{-}2} = P_{3\text{-}2} A_w \tag{3-12}$$

$$H = -\sum_{i=1}^{n} \left(\frac{N_i}{N}\right) \log_2 \left(\frac{N_i}{N}\right) \tag{3-13}$$

式中 $V_{3\text{-}2}$——生物多样性保护总价值；

$A_w$——研究区生态面积；

$P_{3\text{-}2}$——单位面积生物多样性价值，由 Shannon - Wiener 指数 $H$ 来决定；

$H$——Shannon - Wiener 指数；

$N$——研究区鸟类个体总数；

$N_i$——样品中第 $i$ 种物种个体数。

参照《中国生物多样性国情研究报告》（中国生物多样性国情研究报告编写组）中的研究成果，见表 3 - 4。

表 3 - 4　　Shannon - Wiener 指数

| Shannon - Wiener 指数 | $H<1$ | $1\leqslant H<2$ | $2\leqslant H<3$ | $3\leqslant H<4$ | $4\leqslant H<5$ | $5\leqslant H<6$ |
|---|---|---|---|---|---|---|
| 单位面积生物多样性保护价值/[元/($hm^2$ · a)] | 2932.72 | 4887.87 | 9775.73 | 19551.46 | 29327.2 | 39102.93 |

### 3.2.4 社会功能指标体系

社会服务价值是指满足社会需求、提升公众认知、保证公共安全、传承社会文化过程中所产生的价值，即对社会服务的效益实现价值化的过程。针对新乡黄河滩涂湿地，满足社会需求具体体现在休闲旅游方面，提升公众认知具体体现在教育科研方面，保证公众安全体现在公共卫生保障方面，传承社会文化体现在文化传承方面，因此采用休闲旅游、教育科研 2 个指标来综合反映新乡黄河滩涂湿地带来的社会功能服务价值，具体指标及其含义见表 3 - 5。

表 3 - 5　　社会功能指标体系

| 功能类别 | 指标 | 含　义 | 估算方法 |
|---|---|---|---|
| 社会功能 | 休闲旅游 | 为人类提供观赏、娱乐、旅游的场所的功能价值 | 替代费用法 |
| | 教育科研 | 为人类提供科研平台、教育基地的功能价值 | 替代费用法 |

新乡黄河滩涂湿地生态服务价值的社会功能体现在满足社会需求、提升公众认知、保证公共安全、传承社会文化过程中所产生的价值，具体的指标为休闲旅游、科研教育。各评价指标所采用的具体估算方法如下。

（1）休闲旅游。新乡黄河滩涂湿地提高了周边区域涉水休闲活动的娱乐性和观赏性。休闲旅游价值即为人们对该旅游地环境服务的总的支付意愿，可采用旅行费用法计算，其思想是认为休闲旅游价值等于直接旅游收入、旅行费用价值与旅游时间价值之和，但新乡黄河滩涂湿地景点分散，使用旅游费用法评估不容易实现，故本研究使用替代费用法，即根据 Costanza 的研究成果，获取新乡黄河滩涂湿地单位面积休闲旅游价值，以此来计算休闲旅游指标价值，其具体计算公式为

$$V_{4-1}=P_{4-1}A_w \tag{3-14}$$

式中 $V_{4-1}$——休闲旅游价值；

$P_{4-1}$——单位面积旅游休闲价值；

$A_w$——湿地生态面积。

（2）教育科研。新乡黄河滩涂湿地为广大学者提供了可贵的科研平台，也为普通民众宣传湿地知识、为小朋友普及水文化提供了教育基地。文化教育的生态价值，以发表的相关学术论文为基础，等量估算出版物、教育实习等方面总的生态价值，教育科研价值计算公式为

$$V_{4-2}=P_{4-2}A \tag{3-15}$$

式中 $V_{4-1}$——教育科研价值；

$P_{4-2}$——新乡黄河湿地生态系统的单位面积科研价值；

$A$——湿地总面积。

Zhang 估算了我国单位面积科研价值为 35500 元/$km^2$，本研究选用该数据对新乡黄河湿地科研价值进行计算。

# 4 生态系统服务价值评估及演变分析

## 4.1 黄河滩涂湿地生态系统服务价值评估

根据供给、调节、支持、社会四大指标体系，选取 1980 年、2000 年、2010 年、2015 年和 2019 年数据共计 13 个指标对新乡黄河滩涂湿地生态系统服务价值进行评估与驱动解析。

### 4.1.1 供给功能价值计算

#### 4.1.1.1 农业产品价值

封丘县拥有近 92.6 万亩农田，而占全县面积 18%的新乡黄河湿地拥有 4556 亩农田，其主要生产小麦、大豆、红薯和油菜籽作物，通过查询《新乡市统计年鉴》和新乡市农业农村局获取其产量，并通过《中国农产品价格调查年鉴》和新乡市物价局获取销售价格。新乡黄河滩涂湿地农业产品概况见表 4-1。

表 4-1 新乡黄河滩涂湿地农业产品概况

| 农作物种类 | 1980 年 | | 2000 年 | | 2010 年 | | 2015 年 | | 2019 年 | |
|---|---|---|---|---|---|---|---|---|---|---|
| | 产量/t | 价格/(元/kg) | 产量/t | 价格/(元/ kg) | 产量/t | 价格/(元 kg) | 产量/t | 价格/(元/kg) | 产量/t | 价格/(元/ kg) |
| 小麦 | 17126.87 | 0.43 | 22832.14 | 1.01 | 22764.36 | 1.83 | 24080.76 | 1.90 | 27924.36 | 2.04 |
| 大豆 | 217.95 | 0.48 | 314.36 | 1.68 | 582.00 | 3.11 | 394.68 | 3.36 | 195.06 | 4.01 |
| 红薯 | 521.07 | 0.16 | 1002.04 | 0.60 | 1688.52 | 1.13 | 1618.20 | 1.65 | 1873.80 | 2.25 |
| 油菜籽 | 3562.58 | 0.80 | 7125.17 | 1.06 | 8906.46 | 1.60 | 10862.10 | 1.73 | 14328.60 | 1.81 |

根据式（3-1）计算得出历年新乡黄河滩涂湿地农业产品指标价值，见表 4-2。

表 4-2 新乡黄河滩涂湿地农业产品指标价值 单位：万元

| 年份 | 1980 | 2000 | 2010 | 2015 | 2019 |
|---|---|---|---|---|---|
| 农业产品指标价值 | 1040.26 | 3174.25 | 5962.72 | 6854.10 | 8789.87 |

#### 4.1.1.2 渔业产品价值

新乡黄河滩涂湿地鱼类资源丰富，有鱼类 7 目 10 科 32 种，具有丰富的经济价值。渔业产品价值主要为人类通过捕捞、养殖等手段捕获到的鱼及其他水生生物的价值。新乡黄河滩涂湿地渔业产品供应占封丘县全县水产品供应量的 20%，通过查询《新乡市统计年鉴》获取新乡黄河湿地渔业产品价值，见表 4-3。

表 4-3　新乡黄河滩涂湿地渔业产品指标价值　单位：万元

| 年份 | 1980 | 2000 | 2010 | 2015 | 2019 |
|---|---|---|---|---|---|
| 渔业产品指标价值 | 963.20 | 2382.40 | 3525.50 | 3931.39 | 4541.60 |

#### 4.1.1.3　水资源供给

水资源供给功能价值是最直接的使用价值之一，指新乡黄河滩涂湿地提供淡水资源的价值。水资源供给属于直接物质产出，有公开、活跃的交易市场，交易价格容易获取，采用市场法评估水资源供给价值。参考《新乡市统计年鉴》得到农业水资源费征收单价为 0.2 元/$m^3$，工业用水单价为 2.5 元/$m^3$，居民生活用水单价为 1.75 元/$m^3$，环境用水单价为 0.95 元/$m^3$。通过《新乡市水资源公报》和新乡市水利局获得新乡市 1980 年、2000 年、2010 年、2015 年、2019 年等 5 个年份的各地区农业用水量、工业用水量、居民生活用水量以及环境用水量，新乡黄河滩涂湿地用水量概况，见表 4-4。

表 4-4　新乡黄河滩涂湿地用水量　单位：万 $m^3$

| 年份 | 1980 | 2000 | 2010 | 2015 | 2019 |
|---|---|---|---|---|---|
| 农业用水量 | 68612 | 165300 | 119250 | 116453 | 120597 |
| 工业用水量 | 13654 | 23740 | 25750 | 26274 | 25318 |
| 居民生活用水量 | 4239 | 10318 | 16760 | 16557 | 19261 |
| 环境用水量 | 1463 | 4422 | 6220 | 8301 | 10989 |

根据式（3-3）计算得历年新乡黄河滩涂湿地水资源供给指标价值，见表 4-5。

表 4-5　新乡黄河滩涂湿地水资源供给指标价值　单位：万元

| 年份 | 1980 | 2000 | 2010 | 2015 | 2019 |
|---|---|---|---|---|---|
| 水资源供给指标价值 | 5666.55 | 11466.74 | 12346.40 | 12583.63 | 13156.07 |

### 4.1.2　调节功能价值计算

#### 4.1.2.1　气候调节

采用替代工程法对新乡黄河滩涂湿地生态系统水面蒸发调节气候价值进行计算，新乡黄河滩涂湿地的水面蒸发调节气候价值即在水生态系统遭受破坏后人工建立一个工程来替代水生态系统调节气温、增加大气湿度的价值。根据《房间空气调节器能效标准》，取空调能效比分别为 4、4.5，水面蒸发量、单位面积蒸发耗热量等数据来自气象、国土、林业等相关部门和文献，电价从国家和地方发展和改革委员会发布的相关文件以及供电部门获取。新乡黄河滩涂湿地水面蒸发概况见表 4-6。

表 4-6　新乡黄河滩涂湿地水面蒸发概况

| 年份 | 1980 | 2000 | 2010 | 2015 | 2019 |
|---|---|---|---|---|---|
| 电价/元 | 0.26 | 0.38 | 0.48 | 0.52 | 0.56 |
| 空调能效比 | 4 | 4 | 4 | 4 | 4.5 |

续表

| 年份 | 1980 | 2000 | 2010 | 2015 | 2019 |
| --- | --- | --- | --- | --- | --- |
| 每平方米蒸发量/m | 1.097 | 1.12 | 1.076 | 0.996 | 1.065 |
| 水面蒸发吸收热量/(kW·h) | 351499825.8 | 211222666.7 | 208449480.9 | 190547084 | 207752461 |

根据式（3－4）计算得到新乡黄河滩涂湿地气候调节指标价值，见表4－7。

**表4－7　新乡黄河滩涂湿地气候调节指标价值**　单位：万元

| 年份 | 1980 | 2000 | 2010 | 2015 | 2019 |
| --- | --- | --- | --- | --- | --- |
| 气候调节指标价值 | 2030.89 | 1783.66 | 2223.46 | 2244.22 | 2585.36 |

#### 4.1.2.2　水资源调蓄

滩涂湿地可以起到储存洪水从而削减洪峰流量的作用，同时还可以依靠湿地内植被和根系吸收渗透作用，增加降雨汇流的时间，从而使入河雨水量减少，缓解洪峰压力。水资源调蓄价值采用影子价格法，新乡黄河滩涂湿地地表水资源总量来自于《新乡市统计年鉴》，单位调蓄价格采用单位水库库容的工程造价，取6.11元/$m^3$。新乡黄河滩涂湿地地表水资源总量见表4－8。

**表4－8　新乡黄河滩涂湿地地表水资源总量**

| 年份 | 1980 | 2000 | 2010 | 2015 | 2019 |
| --- | --- | --- | --- | --- | --- |
| 单位调蓄价格/元 | 6.11 | 6.11 | 6.11 | 6.11 | 6.11 |
| 地表水资源总量/万$m^3$ | 2346.50 | 2283.45 | 2095.6 | 2083.25 | 2067 |

根据式（3－5）计算得新乡黄河滩涂湿地水资源调蓄指标价值，见表4－9。

**表4－9　新乡黄河滩涂湿地水资源调蓄指标价值**　单位：万元

| 年份 | 1980 | 2000 | 2010 | 2015 | 2019 |
| --- | --- | --- | --- | --- | --- |
| 水资源调蓄指标价值 | 14337.12 | 13951.88 | 12804.12 | 12728.66 | 12629.37 |

#### 4.1.2.3　固碳释氧

（1）固碳。全球变暖的趋势日益上涨，过量温室气体不断被排放，导致温室效应不断累加，破坏地气系统吸收和发射能量间的平衡，加上人们破坏森林，焚烧化石燃料，严重危害了生物圈生态系统。$CO_2$作为典型的温室气体，是形成温室效应的主要气体，而在全球，湿地面积仅占4％～6％，却拥有着生物圈碳储量总量12％～24％的碳储量，由此可见，湿地在全球固碳循环中，作出了巨大的贡献，起到了至关重要的作用。在全球变暖的形势下，湿地生态系统具有大量潜在价值，其内部拥有丰富的植被和可观的植物数量，植被通过进行光合作用，将大气中的$CO_2$转化为$O_2$，既降低了汇入大气的碳含量，还提高了氧气浓度。

《中国生物多样性国情报告》中提及到瑞典碳税率为150＄/t，是国际公认的碳税率，本书结合我国平均造林成本250元/t，取二者平均值作为新乡黄河滩涂湿地的碳税率。新乡黄河滩涂湿地植被主要包括陆生植物和水生植物，结合新乡市地理条件与气候等特点，选取新乡黄河滩涂湿地植被固碳速率为235.62g/(a·$m^2$)。新乡黄河滩涂湿地植被覆盖面积通过 Big Map 历史影像获取。新乡黄河滩涂湿地固碳量见表 4-10。

表 4-10 新乡黄河滩涂湿地固碳量

| 年份 | 1980 | 2000 | 2010 | 2015 | 2019 |
|---|---|---|---|---|---|
| 碳税率 | 245.2 | 751.45 | 638.2 | 597.7 | 608.95 |
| 固碳速率/[g/(a·$m^2$)] | 235.62 | 235.62 | 235.62 | 235.62 | 235.62 |
| 生态面积/$m^2$ | 72894500 | 45315000 | 50960510 | 51537200 | 54672000 |
| 固碳量/t | 17175.40 | 10677.12 | 12007.315 | 12143.195 | 12881.82 |

根据式（3-6）计算得到新乡黄河滩涂湿地固碳指标价值，见表 4-11。

表 4-11 新乡黄河滩涂湿地固碳指标价值 单位：万元

| 年份 | 1980 | 2000 | 2010 | 2015 | 2019 |
|---|---|---|---|---|---|
| 固碳指标价值 | 421.14 | 802.33 | 766.31 | 730.23 | 784.44 |

（2）释氧。通过光合作用方程式：

$$6CO_2 + 6H_2O \longrightarrow C_6H_{12}O_6 + 6O_2 \longrightarrow 多糖$$

植被每生产 1g 干物质，需吸收 1.63g $CO_2$ 同时释放 1.20g$O_2$。结合表 4-10 和陈少鹏的研究结果，新乡黄河滩涂湿地植被单位释氧量取 2g/(d·$m^2$)，产出氧气的价值量采用工业制氧成本法计算，取 400 元/t。根据相关文献和气象局查得新乡无霜期。新乡黄河滩涂湿地释氧量见表 4-12。

表 4-12 新乡黄河滩涂湿地释氧量

| 年份 | 1980 | 2000 | 2010 | 2015 | 2019 |
|---|---|---|---|---|---|
| 单位植被释氧量/[g/(d·$m^2$)] | 2 | 2 | 2 | 2 | 2 |
| 无霜期/天 | 210 | 218 | 220 | 216 | 225 |
| 植被释氧量/t | 30615.69 | 19757.34 | 22422.62 | 22882.52 | 23946.34 |

根据式（3-7）计算得到新乡黄河滩涂湿地释氧指标价值，见表 4-13。

表 4-13 新乡黄河滩涂湿地释氧指标价值 单位：万元

| 年份 | 1980 | 2000 | 2010 | 2015 | 2019 |
|---|---|---|---|---|---|
| 释氧指标价值 | 1224.628 | 790.294 | 896.905 | 915.301 | 957.853 |

#### 4.1.2.4 水源涵养

新乡黄河滩涂湿地其生态系统中各类植被以及植被根系具有截留降水、储存水源、减少蒸发等功能。在时间层面上，新乡黄河滩涂湿地可以通过储存的水资源在枯水期对河流进行补充，也可以增加径流时长；在空间层面上，新乡黄河滩涂湿地生态系统可以把降雨汇集并储存为地下径流，亦或是让水资源通过蒸散发的形式重新进入大气，从而实现水分循环。

随着当地经济发展，人们的支付意愿也在随之变化，根据这种现象，前人提出发展系数这一概念来体现这之间的关联，当地发展系数和当地发展水平的关系用皮尔生长曲线来表示，公式如下：

$$L=\frac{1}{1+e^{-\left(\frac{1}{E_n}-3\right)}} \tag{4-1}$$

式中 $L$——当地发展系数；

$e$——自然对数底数；

$E_n$——区域恩格尔系数，为当地居民食物支出占总消费的比重。

通过《新乡市统计年鉴》获取封丘县居民人均消费与食物消费，从而获得区域恩格尔系数；从新乡水利局官网和《新乡水资源公报》获取历年新乡黄河滩涂湿地水源涵养量。新乡黄河滩涂湿地水源涵养指标见表 4-14。

表 4-14 新乡黄河滩涂湿地水源涵养量

| 年份 | 1980 | 2000 | 2010 | 2015 | 2019 |
| --- | --- | --- | --- | --- | --- |
| 当地发展系数 | 0.28 | 0.42 | 0.54 | 0.65 | 0.73 |
| 水源涵养量/万 $m^3$ | 1240 | 1420 | 1247.5 | 1255 | 1355 |

根据式（3-8）计算得到新乡黄河滩涂湿地水源涵养价值，见表 4-15。

表 4-15 新乡黄河滩涂湿地水源涵养指标 单位：万元

| 年份 | 1980 | 2000 | 2010 | 2015 | 2019 |
| --- | --- | --- | --- | --- | --- |
| 水源涵养指标价值 | 2727.50 | 4511.62 | 4878.22 | 5444.32 | 7119.98 |

#### 4.1.2.5 净化水质

湿地作为“地球之肾”，拥有着出众的水体净化能力。湿地生态系统属于土地净化和水体净化之间的天然净化系统，它结合了二者的长处同时消除了弊端。湿地生态系统通过物理方法包括吸附、过滤和沉淀，化学方法包括分解、离子交换等化学反应，生物方法包括微生物新陈代谢，吸收降解有毒污染物等方式净化水体，降解污染物。

根据王磊等的研究，湿地单位面积水体处理污染物单价为 0.55 元/$m^2$，通过 Big Map 软件历史影像获取历年新乡黄河滩涂湿地的水域面积。结合式（3-8）计算得到新乡黄河滩涂湿地净化水质指标价值，详见表 4-16。

表 4-16 新乡黄河滩涂湿地表净化水质指标价值

| 年份 | 1980 | 2000 | 2010 | 2015 | 2019 |
| --- | --- | --- | --- | --- | --- |
| 生态面积/$m^2$ | 72894500 | 45315000 | 50960510 | 51537200 | 54672000 |
| 净化水质指标价值/万元 | 4009.198 | 2492.325 | 2802.828 | 2834.546 | 3006.960 |

#### 4.1.2.6 净化空气

湿地生态系统中不仅拥有种类繁多的植被，也拥有一定数量的湿润土壤。这些不仅可以通过蒸散发和蒸腾作用使水分进入空气中，增加空气湿度，同时也可以吸收多种有害气体和物质，降低空气中有害气体的浓度，提高空气质量。

根据《森林生态系统服务功能评估规范》可得，$SO_2$ 工业处理成本为 1.23 元/kg，工业粉尘处理成本为 0.15 元/kg。新乡黄河滩涂湿地主要植被类型为针叶林、阔叶林、灌木和草地。查询《中国生物多样性国庆研究报告》可得单位面积植被年吸收 $SO_2$ 量和滞尘能力。本研究选取针叶林、阔叶林、灌木和草地四者 $SO_2$ 吸收均值 114.54kg/($hm^2$ · a)，滞尘能力均值 21.66kg/($hm^2$ · a)。根据式（3－10），计算得到新乡黄河滩涂湿地净化空气指标价值，见表 4－15。

表 4－17　　新乡黄河滩涂湿地净化空气指标价值

| 年份 | 1980 | 2000 | 2010 | 2015 | 2019 |
|---|---|---|---|---|---|
| $SO_2$ 吸收量/kg | 834933.60 | 519038.01 | 583701.68 | 590307.09 | 626213.09 |
| 粉尘/kg | 157889.49 | 98152.29 | 110380.46 | 111629.58 | 118419.55 |
| 净化空气指标价值/万元 | 105.07 | 65.31 | 73.45 | 74.28 | 78.80 |

### 4.1.3 支持功能价值计算

#### 4.1.3.1 维持养分循环

养分循环是湿地生态系统内部自身循环的一个过程。随着季节更替，新乡黄河滩涂湿地内植被蕴含的营养成分部分凋零进入湿地土壤内，其余则积累在植被的茎叶和果实中，并随着果实和茎叶被人类摘取而脱离湿地生态系统。这类被利用物质再以灰分的方式进入环境中，从而完成养分的循环。

本研究在计算维持养分循环指标时，参考《中国生物多样性国庆研究报告》中我国陆地生态系统养分储存和固定量的数据，得到植被单位面积氮元素年固定量为 128.78t/($km^2$ · a)、单位面积磷元素年固定量为 0.88t/($km^2$ · a)、单位面积钾元素年固定量为 14.82t/($km^2$ · a)，复合肥价格则来自于相关文献、农资网，见表 4－18。

表 4－18　　新乡黄河滩涂湿地维持养分循环指标计算

| 年份 | 1980 | 2000 | 2010 | 2015 | 2019 |
|---|---|---|---|---|---|
| 植被面积/$km^2$ | 45.430 | 29.150 | 34.355 | 35.139 | 37.951 |
| 复合肥/(元/t) | 2230 | 2230 | 2230 | 2196 | 2402 |

由式（3－11）计算得到新乡黄河滩涂湿地维持养分循环指标价值，见表 4－19。

表 4－19　　新乡黄河滩涂湿地维持养分循环指标价值　　单位：万元

| 年份 | 1980 | 2000 | 2010 | 2015 | 2019 |
|---|---|---|---|---|---|
| 维持养分循环指标价值 | 1463.71 | 939.19 | 1106.90 | 1114.88 | 1317.07 |

#### 4.1.3.2 维持生物多样性

新乡黄河滩涂湿地为珍稀鸟类提供了天然栖息地。根据朱龙飞的相关研究，调查发现新乡黄河滩涂湿地记录鸟类有 39159 只，隶属于 16 目 40 科 74 属 114 种。其中国家Ⅰ级保护鸟类共 2 种，数量占 1.75%；国家Ⅱ级保护鸟类 共 17 种，数量占 14.91%。河南省重点保护鸟类 7 种，数量占 6.14%。新乡黄河滩涂湿地珍稀鸟类见表 4－20。

表 4-20　　新乡黄河滩涂湿地珍稀鸟类名录

| 物　种 | 优势 | 居留 | 保护 | 生境 |
|---|---|---|---|---|
| 凤头䴙䴘 *Podiceps cristatus* | + | P | Ⅲ/SJ | MW |
| 普通鸬鹚 *Phalacrocorax carbo* | + | P | Ⅲ | MW |
| 苍鹭 *Ardea cinerea* | ++ | W | Ⅲ | MW，SG |
| 大白鹭 *Ardea alba* | ++ | W | Ⅲ/SJ/SA | MW，SG |
| 黑鹳 *Ciconia nigra* | + | R | Ⅰ/SJ | MW |
| 鸿雁 *Anser cygnoides* | + | P | Ⅲ/SJ | MW，VA |
| 白额雁 *Anser albifrons* | + | P | Ⅱ/SJ | MW，VA |
| 灰雁 *Anser anser* | + | P | Ⅲ/SJ | MW，VA |
| 大天鹅 *Cygnus Cygnus* | + | W | Ⅲ/SJ | MW |
| 小天鹅 *Cygnus Columbianus* | + | P | Ⅲ/SJ | MW |
| 鸳鸯 *Aix galericulata* | + | P | Ⅱ | MW |
| 黑翅鸢 *Milvus migrans* | + | R | Ⅱ | SG，VA |
| 苍鹰 *Accipiter gentilis* | + | W | Ⅱ | SG，VA |
| 雀鹰 *Accipiter nisus* | + | P | Ⅱ | SG，VA |
| 松雀鹰 *Accipiter virgatus* | + | W | Ⅱ/SJ | SG，VA |
| 普通鵟 *Buteo buteo* | + | W | Ⅱ | SG，VA |
| 大鵟 *Buteo hemilasius* | + | W | Ⅱ | SG，VA |
| 红脚隼 *Falco vespertinus* | + | W | Ⅱ | SG，VA |
| 红隼 *Falco tinnunculus* | + | R | Ⅱ | SG，VA |
| 灰鹤 *Grus grus* | ++ | W | Ⅱ/SJ | MW，SG，VA |
| 大鸨 *Otis tarda* | ++ | W | Ⅰ | SG，VA |
| 雕鸮 *Bubo bubo* | + | R | Ⅱ | VA |
| 纵纹腹小鸮 *Athene noctua* | + | R | Ⅱ | VA |
| 长耳鸮 *Asio otus* | + | W | Ⅱ/SJ | VA |
| 短耳鸮 *Asio flammeus* | + | W | Ⅱ/SJ | VA |
| 黑枕黄鹂 *Oriolus chinensis* | + | S | Ⅲ/SJ | VA |

**注**　数量等级：+++ 势种，++ 见种，+ 有种；居留类型：P 旅鸟，W 冬候鸟，S 夏候鸟，R 留鸟；保护级别：Ⅰ一级保护，Ⅱ二级保护，Ⅲ河南省重点保护，SJ 中日候鸟保护协定，SA 中澳候鸟保护协定；生境类型：SG 荒滩草地，VA 农田村庄，MW 沼泽水域。

采用 Shannon-Wiener 指数来分析湿地中鸟类多样性，根据表 3-4 确定单位面积生物多样性保护价值。根据式（3-13）计算得到 Shannon-Wiener 指数，见表 4-21。

根据式（3-12）计算得到新乡黄河滩涂湿地维持生物多样性指标价值，见表 4-22。

表 4-21 新乡黄河滩涂湿地维持生物多样性指标计算

| 年份 | 1980 | 2000 | 2010 | 2015 | 2019 |
|---|---|---|---|---|---|
| Shannon-Wiener 指数 H | 0.89 | 1.4 | 1.95 | 2.46 | 2.71 |
| 单位面积生物多样性保护价值/[元/($hm^2$·a)] | 2932.72 | 4887.87 | 4887.87 | 9775.73 | 9775.73 |
| 湿地面积/$hm^2$ | 41300 | 26500 | 28629.5 | 23426 | 22780 |

表 4-22 新乡黄河滩涂湿地维持生物多样性指标价值 单位：万元

| 年份 | 1980 | 2000 | 2010 | 2015 | 2019 |
|---|---|---|---|---|---|
| 维持生物多样性指标价值 | 12112.13 | 12952.86 | 13993.73 | 22900.63 | 22269.11 |

### 4.1.4 社会功能价值计算

#### 4.1.4.1 休闲旅游

参考 Costanza 的研究成果，选取休闲旅游指标的单位面积价值为 574 $/($hm^2$·a)，根据式（3-14）计算得到新乡黄河滩涂湿地休闲旅游指标价值，见表 4-23。

表 4-23 新乡黄河滩涂湿地休闲旅游指标价值

| 年份 | 1980 | 2000 | 2010 | 2015 | 2019 |
|---|---|---|---|---|---|
| 汇率 | 1.53 | 8.01 | 6.77 | 6.08 | 6.90 |
| 单位面积休闲旅游价值/[元/($hm^2$·a)] | 878.39 | 4596.82 | 3886.21 | 3489.92 | 3958.71 |
| 湿地生态面积/$hm^2$ | 41300.00 | 26500.00 | 28629.50 | 23426.00 | 22780.00 |
| 休闲旅游指标价值/万元 | 3627.76 | 12181.58 | 11126.02 | 8175.49 | 9017.93 |

#### 4.1.4.2 教育科研

教育科研价值可用对该地区进行的科研项目和相关论文价值来衡量，新乡黄河滩涂湿地生态系统的单位面积科研价值为 35500 元/$km^2$，根据式（3-15）计算得到新乡黄河滩涂湿地教育科研价值，见表 4-24。

表 4-24 新乡黄河滩涂湿地教育科研价值

| 年份 | 1980 | 2000 | 2010 | 2015 | 2019 |
|---|---|---|---|---|---|
| 湿地面积/$km^2$ | 173.89 | 193.21 | 207.75 | 216.41 | 227.80 |
| 单位面积平均科研价值/(元/$km^2$) | 35500 | 355000 | 35500 | 35500 | 35500 |
| 教育科研价值/万元 | 617.31 | 685.90 | 737.53 | 768.26 | 808.69 |

## 4.2 生态系统服务价值综合评估

Costanza 研究发现全球生态系统服务价值为 33 万亿美元，是全球 GDP 的 1.8 倍。根据陈仲新等研究，中国生态系统服务总价值为 77834.48 亿元，是国内 GDP 的 1.73 倍，足以说明生态系统拥有着巨大的潜力，对全球经济发展起着举足轻重的作用。对其进行评价并提出合理科学的建议，促进生态系统良好循环和发展，为社会进步打好基础。

### 4.2.1 综合评估与演变分析

#### 4.2.1.1 湿地生态系统服务价值评估分析

根据第 3 章内容构建评估体系，并收集数据对新乡黄河滩涂湿地生态系统服务进行价值核算，见表 4 - 25。

表 4 - 25　　新乡黄河滩涂湿地生态系统服务价值

| 年份 | 1980 | | 2000 | | 2010 | | 2015 | | 2019 | |
|---|---|---|---|---|---|---|---|---|---|---|
| 功能指标 | 价值量/万元 | 占比/% | 价值量/万元 | 占比/% | 价值量/万元 | 占比/% | 价值量/万元 | 占比/% | 价值量/万元 | 占比/% |
| 农业产品 | 1040.26 | 2.03 | 3174.25 | 4.64 | 5962.72 | 8.11 | 6854.10 | 8.42 | 8789.87 | 10.10 |
| 渔业产品 | 963.20 | 1.88 | 2382.40 | 3.48 | 3525.50 | 4.80 | 3931.39 | 4.83 | 4541.60 | 5.22 |
| 水资源供给 | 5666.55 | 11.07 | 11466.74 | 16.76 | 12346.40 | 16.79 | 12583.63 | 15.47 | 13156.07 | 15.11 |
| 气候调节 | 2030.89 | 3.97 | 1783.66 | 2.61 | 2223.46 | 3.02 | 2244.22 | 2.76 | 2585.36 | 2.97 |
| 水资源调蓄 | 14337.12 | 28.00 | 13951.88 | 20.39 | 12804.12 | 17.42 | 12728.66 | 15.64 | 12629.37 | 14.51 |
| 固碳释氧 | 1645.77 | 3.21 | 1592.63 | 2.33 | 1663.21 | 2.26 | 1645.53 | 2.02 | 1742.29 | 2.00 |
| 净化水质 | 4009.20 | 7.83 | 2492.33 | 3.64 | 2802.83 | 3.81 | 2834.55 | 3.48 | 3006.96 | 3.45 |
| 水源涵养 | 2727.50 | 5.33 | 4511.62 | 6.59 | 4878.22 | 6.63 | 5444.32 | 6.69 | 7119.98 | 8.18 |
| 净化空气 | 105.07 | 0.21 | 65.31 | 0.10 | 73.45 | 0.10 | 74.28 | 0.09 | 78.80 | 0.09 |
| 维持养分循环 | 1463.71 | 2.86 | 939.19 | 1.37 | 1106.90 | 1.51 | 1114.88 | 1.37 | 1317.07 | 1.51 |
| 维持生物多样性 | 12112.13 | 23.66 | 12952.86 | 18.93 | 13993.73 | 19.03 | 22900.63 | 28.15 | 22269.11 | 25.58 |
| 休闲旅游 | 3627.76 | 7.09 | 12181.58 | 17.80 | 11126.02 | 15.13 | 8175.49 | 10.05 | 9017.93 | 10.36 |
| 教育科研 | 1466.15 | 2.86 | 940.75 | 1.37 | 1016.35 | 1.38 | 831.62 | 1.02 | 808.69 | 0.93 |
| 总计 | 51195.30 | 100 | 68435.18 | 100 | 73522.90 | 100 | 81363.29 | 100 | 87063.12 | 100 |

根据表 4 - 25 可以看出，新乡黄河滩涂湿地生态系统服务价值随着时间的增长在不断增加，由 1980 年的 51195.30 万元增长到 2019 年的 87063.12 万元，共增加了 35867.81 万元，年平均增加 919.69 万元。1980 年，价值最高的为水资源调蓄价值，之后依次为维持生物多样性、水资源供给、净化水质、休闲旅游、水源涵养、气候调节、固碳释氧、维持养分循环、教育科研、农业产品、渔业产品、净化空气；而在 2019 年，价值最高的为维持生物多样性，其后依次为水资源供给、水资源调蓄、休闲旅游、农业产品、水源涵养、渔业产品、净化水质、气候调节、固碳释氧、维持养分循环、教育科研、净化空气。从各项指标占比来看，水资源供给、水资源调蓄、维持生物多样性、休闲旅游指标平均占比均高于 10%，属重要指标；农业产品、渔业产品、净化水质、水源涵养指标平均占比均为 2%～10%，属比较重要指标；维持养分循环、教育科研指标平均占比均在 2%左右，

占比基本稳定，属一般指标；净化空气指标平均占比则小于1%，属较弱级指标。维持生物多样性指标增长最为迅速，在2019占比达到近26%，充分地发挥了作为国家鸟类自然保护区为珍稀动物提供天然良好栖息地的功能；休闲旅游指标则在1980年占比低于10%，主要由于旅游业不兴盛、人们休闲方式较为单一；固碳释氧指标则由于涨幅低于其他指标，占比反而呈下降趋势；气候调节指标占比则波动不大，增长速率同总价值增长速率相近，较为稳定；水资源调蓄指标占比整体呈下降趋势，且降幅较大，主要由于湿地部分开垦为耕地和开发为城镇，导致水资源调蓄空间降低；净化水质指标则除1980年占比较高，其余年份占比较为稳定，无明显特征变化；净化空气指标虽然占比很小，价值不高，但其同样是净化环境，缓解大气压力的重要功能之一。

新乡黄河滩涂湿地在1980—2019年，调节功能占比最高，价值贡献最大，其次是供给功能，支持功能、文化功能。其中，调节功能在1980年贡献占首位，但随着时间推进，占比逐渐下降，由48.55%减少至31.20%，供给功能占比则不断提升，由14.98%增加到30.42%，在2019年基本与调节功能占比持平。随着湿地内农耕地不断开垦和城镇化加速的原因，部分植被水域转化为人类用地，使得调节功能价值增长放缓，占比逐渐下降。而供给功能则增长迅速。各项功能指标具体占比如图4-1所示。

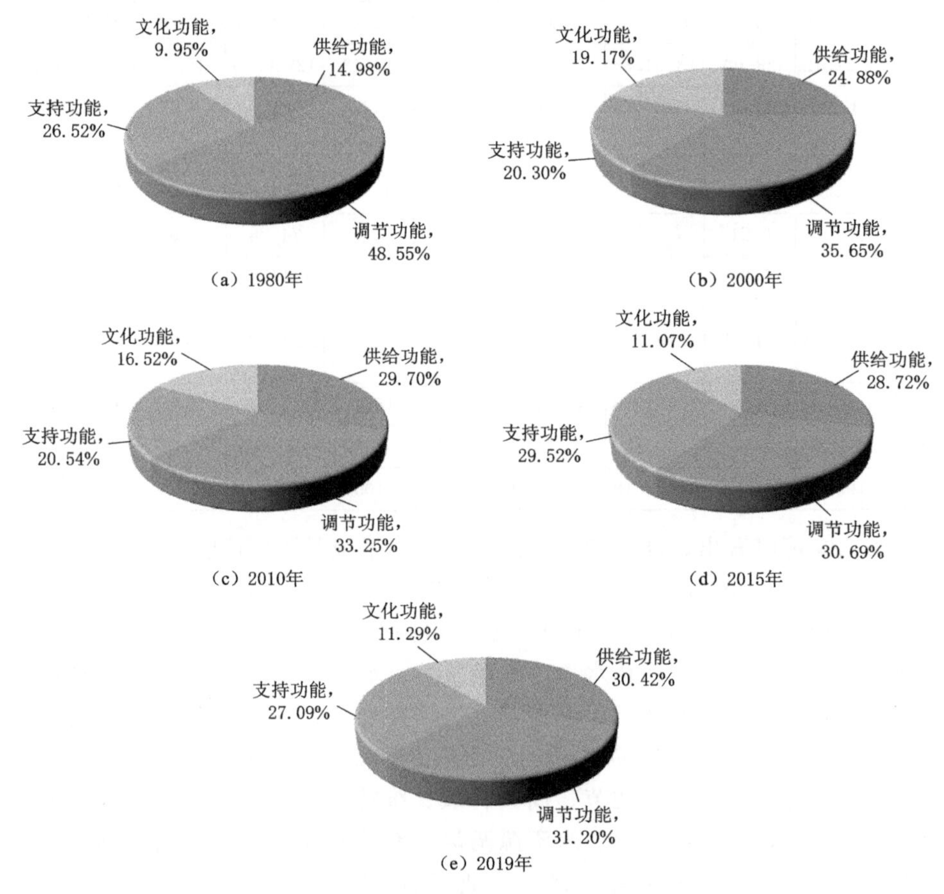


图4-1 新乡黄河滩涂湿地指标功能价值占比

#### 4.2.1.2 面积演变分析

黄河下游河道具有不同的特征，具体共有三种类型：游荡型、过渡型、弯曲型。游荡型河段是黄河下游主要分布的河段类型，由于其游荡滚动、汛期漫滩的特点，使黄河下游沿岸多数地域演变为滩涂湿地。根据郝伏勤等的研究，下游滩涂湿地跟随河道变迁，其形成、演变受黄河水沙条件、河道边界影响。通过 Landsat 8 卫星遥感图像和相关文献的研究，探究新乡黄河滩涂湿地生态系统演变规律。

如图 4-2 所示，新乡黄河滩涂湿地在 1980—2019 年面积显著减少，相比于 1980 年，2000 年湿地面积减少了 42.8%，这期间黄河下游多次断流。2000 年以来，相关部门实行水量调度和调水调沙等措施，使湿地面积得以增加，在 2010 年面积增长 11.81%。1960 年以来，根据国家政策，黄河干流多处新建水利工程，例如三门峡、刘家峡、小浪底等水利工程，对黄河下游水沙条件产生较大影响，大幅削弱洪水漫滩概率。近些年，为保护沿岸农田耕地和居民住所，部分河道处也修建河防工程，达到减少洪水漫滩风险的目的。得益于水利枢纽和河防工程的修建，新乡黄河滩涂湿地面积逐渐趋于稳定。

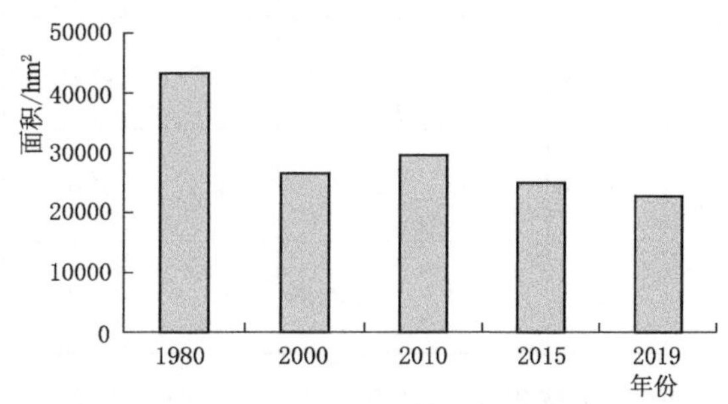


图 4-2 1980—2019 年新乡黄河滩涂湿地面积变化

黄河干流上的河防工程主要包括堤防工程、险工、控导工程。查阅相关资料发现，新乡黄河滩涂湿地段黄河修建有曹岗险工、府君寺控导工程等河防工程。河防工程对湿地的影响见表 4-26。

表 4-26 河防工程对湿地的影响

| 河防工程类型 | | 措　施 | 与湿地空间关系 | 主要影响 |
|---|---|---|---|---|
| 堤防 | 加高加宽 | 增加堤防高、宽度 | 根据“宽河固堤”治理方略，堤防多设在湿地较远处 | 基本无影响 |
| | 放淤固堤 | 清理河道淤泥以达到固堤目的 | | |
| | 截渗墙 | 水泥土搅拌桩截渗技术固堤 | | |
| 险工 | 改建加固 | 对不达标险工进行加高改造 | 紧邻大堤，多离湿地较远 | 影响较小 |
| 控导 | 新续建 | 适当位置修建坝垛护岸工程 | 河道沿岸处，多位于湿地范围边缘 | 降低 4000m³/s 及以下洪水漫滩概率，进而达到保护湿地的目的 |
| | 加固加高 | 对不达标工程加高改造 | | |

### 4.2.2 供给功能价值评估分析

根据第 3 章所建立的指标体系，对新乡黄河滩涂湿地生态系统服务价值进行评估。对所得价值量进行分析，以便能更好地为湿地保护和发展提出科学合理的建议。

新乡黄河滩涂湿地供给价值主要包括农业产品、渔业产品、水资源供给指标。作用是向人类社会提供产物。新乡黄河滩涂湿地供给功能价值占总价值的20%左右，主要贡献指标为水资源供给，其价值在供给功能价值中占比高达60%以上，是新乡黄河滩涂湿地的重要指标之一。历年供给功能价值见表4－27。

表4－27 新乡黄河滩涂湿地供给功能价值

| 功能指标 | 1980年 | | 2000年 | | 2010年 | | 2015年 | | 2019年 | |
|---|---|---|---|---|---|---|---|---|---|---|
| | 价值量/万元 | 单位价值/(万元/$hm^2$) | 价值量/万元 | 单位价值/(万元/$hm^2$) | 价值量/万元 | 单位价值/(万元/$hm^2$) | 价值量/万元 | 单位价值/(万元/$hm^2$) | 价值量/万元 | 单位价值/(万元/$hm^2$) |
| 农业产品 | 1040.26 | 0.86 | 3174.25 | 1.08 | 5962.72 | 1.17 | 6854.10 | 1.24 | 8789.87 | 1.28 |
| 渔业产品 | 963.20 | 0.35 | 2382.40 | 1.47 | 3525.50 | 2.12 | 3931.39 | 2.40 | 4541.60 | 2.72 |
| 水资源供给 | 5666.55 | 0.14 | 11466.74 | 0.43 | 12346.40 | 0.43 | 12583.63 | 0.54 | 13156.07 | 0.58 |

根据计算得出的历年供给功能指标价值量可以看出，农业产品指标价值量增长迅速，由1980年的1040.26万元增长至2019年的8789.87万元，共增长7749.61万元；渔业产品指标由1980年的963.20万元增长至2019年的4541.60万元，共增长3578.40万元；水资源供给指标由1980年的5666.55万元增长至2019年的13156.07万元，共增长7489.52万元。水资源供给指标占比最大，其次为农业产品指标、渔业产品指标。水资源供给作为湿地核心的生态功能之一，有着无可替代的作用，但其价值占比却在逐渐减少，由1980年的73.88%减少至2019年的49.67%。主要原因在于：一方面，湿地土地的人为开发，导致生态环境遭到一定的破坏，可供给上限不断下降；另一方面，随着科技不断进步和居民节水意识的提高，无端浪费水资源现象减少，同时污水处理回收利用也减缓了水资源消耗的速率。而渔业产品和农业产品指标占比则逐年递增，产量和价值量都在增加。需水量的控制和产品的增产是良好的发展趋势，同时也要注意对湿地的保护，在合理的范围内开发土地，将利益最大化的同时实现长久发展。

总体来说，水资源供给占比约为供给功能的50%，这也符合湿地的特性。而其他指标同样不能忽视，是实现湿地的经济、生态平衡和长久发展的重要因素。历年供给功能价值占比如图4－3所示。

### 4.2.3 调节功能价值评估分析

调节功能作为湿地的主要功能，其主要包括气候调节、水资源调蓄、固碳释氧、净化水质、水源涵养、净化空气六大指标。这些湿地内在特性保证了湿地调节大气环境、储蓄水资源和消纳污水等生态过程的进行，为改善环境污染、提高区域生态质量以及社会可持续发展做出贡献。新乡黄河滩涂湿地调节功能占总价值的50%左右，是最为核心的功能，其主要贡献指标为水资源调蓄指标，作为调蓄洪水和储存雨水的新乡黄河滩涂湿地，水资源调蓄指标价值占调节功能价值的30%及以上。而气候调节、固碳释氧、净化水质、水源涵养指标则作为湿地固有的生态调节环节发挥着作用。新乡黄河滩涂湿地调节功能价值见表4－28。

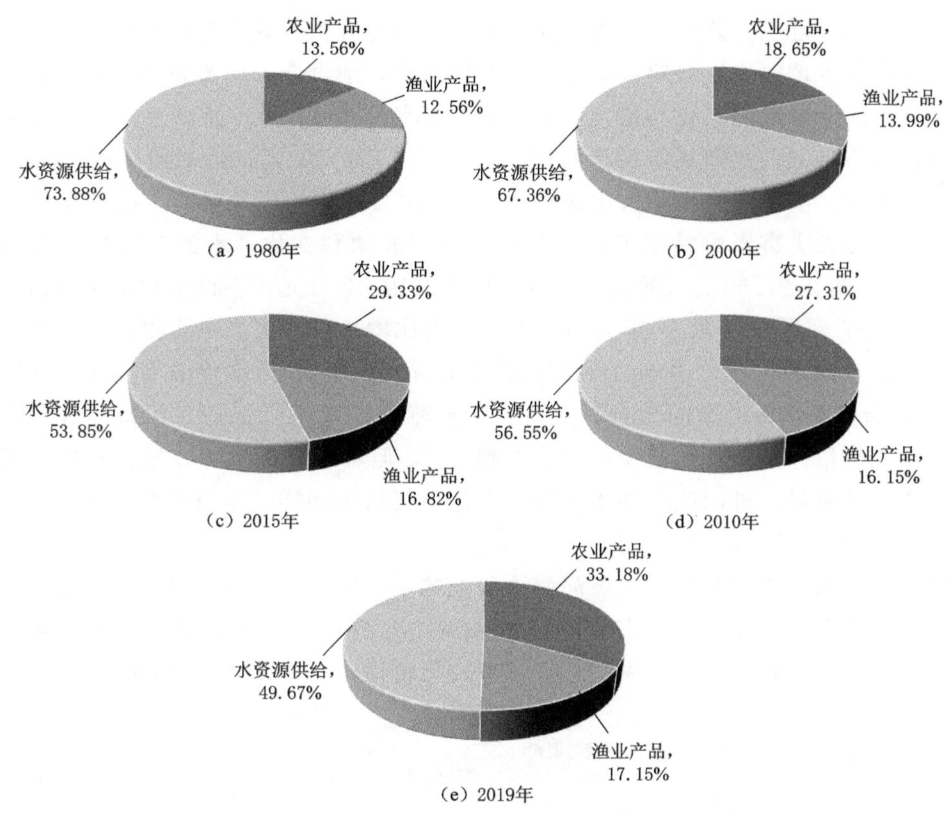


图 4-3　新乡黄河滩涂湿地历年供给功能价值占比

**表 4-28　　新乡黄河滩涂湿地调节功能价值**

| 功能指标 | 1980 年 | | 2000 年 | | 2010 年 | | 2015 年 | | 2019 年 | |
|---|---|---|---|---|---|---|---|---|---|---|
| | 价值量/万元 | 单位价值/(万元/hm²) | 价值量/万元 | 单位价值/(万元/hm²) | 价值量/万元 | 单位价值/(万元/hm²) | 价值量/万元 | 单位价值/(万元/hm²) | 价值量/万元 | 单位价值/(万元/hm²) |
| 气候调节 | 2030.89 | 0.74 | 1783.66 | 1.10 | 2223.46 | 1.34 | 2244.22 | 1.37 | 2585.36 | 1.55 |
| 水资源调蓄 | 14337.12 | 2.62 | 13951.88 | 2.55 | 12804.12 | 2.34 | 12728.66 | 2.33 | 12629.37 | 2.31 |
| 固碳释氧 | 1645.77 | 0.23 | 1592.63 | 0.35 | 1663.21 | 0.33 | 1645.53 | 0.32 | 1742.29 | 0.32 |
| 净化水质 | 4009.20 | 0.55 | 2492.33 | 0.55 | 2802.83 | 0.55 | 2834.55 | 0.55 | 3006.96 | 0.55 |
| 水源涵养 | 2727.50 | 0.50 | 4511.62 | 0.83 | 4878.22 | 0.89 | 5444.32 | 1.00 | 7119.98 | 1.30 |
| 净化空气 | 105.07 | 0.01 | 65.31 | 0.01 | 73.45 | 0.01 | 74.28 | 0.01 | 78.80 | 0.01 |

从构成组分来看，调节功能中占比最高的是水资源调蓄，但随着时间的推进，水资源调蓄指标价值在不断减少，由 1980 年的 14337.12 万元减少至 2019 年的 12629.37 万元，

共减少了 1707.75 万元。其原因主要是湿地生态环境部分被人为破坏，修建城镇、开垦农田等行为导致新乡黄河滩涂湿地可调蓄水资源量削减，纳洪能力同步减弱，但调蓄洪水依然是新乡黄河滩涂湿地的主要功能之一，其占比始终保持在 50%及以上，发挥着主导作用；而净化水质指标占比则基本保持稳定，保持在 10%～20%，价值量随时间推进逐步增长；气候调节、固碳释氧指标占比保持在 5%～10%，这些均是湿地自身具备的调节功能，在未受到特大灾害影响情况下，不会发生较大波动和变化。水源涵养指标则增长最快，由 1980 年的 2727.50 万元增加至 2019 年的 7119.98 万元，在调节功能中的占比也从 1980 年的 10.97 %增长至 2019 年的 26.21 %，占比增长了一倍。主要得益于社会发展迅速，人们环保意识的加强，并且 1988 年经河南省人民政府批准建立省级自然保护区，1996 年晋升为国家级等政策的出台，对新乡黄河滩涂湿地进行保护，保持经济和生态的平衡。净化空气指标虽然占比极少，只有不到 1%，但可降解工厂等建筑排放的有害气体成分，提高空气质量，进而改善环境质量。净化空气指标同样是不可或缺的功能，其保证了其他功能可以更大限度发挥作用。

总体来说，水资源调蓄是新乡黄河滩涂湿地的主要功能，其占主导地位是合理的，同样其他功能也是至关重要的，尤其在未来的发展中，要更加注重做好生态环境建设和监测，以保证湿地生态环境良好发展。历年调节功能价值占比如图 4－4 所示。

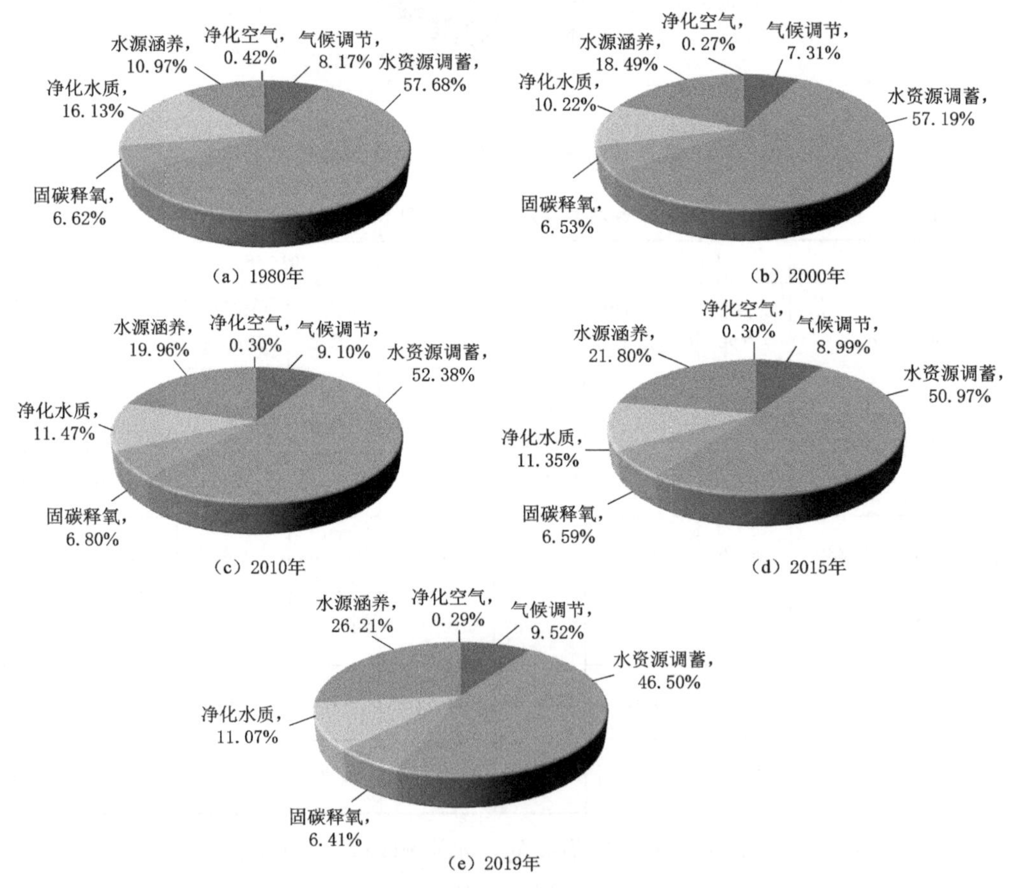


图 4－4 新乡黄河滩涂湿地历年调节功能占比

### 4.2.4 支持功能价值评估分析

支持功能作为湿地内在的功能，是自我发挥作用的功能，其主要包含维持养分循环、维持生物多样性功能。在总价值中的占比约为 25%，占比不高，但同样也发挥着不可替代的作用。其主要贡献指标为维持生物多样性，在 1988 年，河南省人民政府在新乡黄河滩涂湿地批准建立省级自然保护区，并在 1996 年晋升为国家级，吸引众多珍稀鸟类栖息，不仅丰富了新乡黄河滩涂湿地生物多样性，同时吸引了大量旅客来此参观。新乡黄河滩涂湿地支持功能价值见表 4-29。

**表 4-29　　新乡黄河滩涂湿地支持功能价值**

| 功能指标 | 1980 年 | | 2000 年 | | 2010 年 | | 2015 年 | | 2019 年 | |
|---|---|---|---|---|---|---|---|---|---|---|
| | 价值量/万元 | 单位价值/(万元/hm$^2$) | 价值量/万元 | 单位价值/(万元/hm$^2$) | 价值量/万元 | 单位价值/(万元/hm$^2$) | 价值量/万元 | 单位价值/(万元/hm$^2$) | 价值量/万元 | 单位价值/(万元/hm$^2$) |
| 维持养分循环 | 1463.71 | 0.53 | 939.19 | 0.58 | 1106.90 | 0.67 | 1114.88 | 0.68 | 1317.07 | 0.79 |
| 维持生物多样性 | 12112.13 | 1.66 | 12952.86 | 1.78 | 13993.73 | 1.92 | 22900.63 | 3.14 | 22269.11 | 3.05 |

从构成成分上来看，支持功能中占比最高的是维持生物多样性，基本提供了支持功能总价值的 3/4，且随着时间的推进，占比在持续增加。从 1980 年的 12112.13 万元增加至 2019 年的 22269.11 万元，共增加了 10156.98 万元。其主要原因是国家级自然保护区的设立，良好的生态环境、适宜的生物生存条件，增加了新乡黄河滩涂湿地的生物多样性。根据调查发现新乡黄河滩涂湿地记录鸟类 39159 只，隶属于 16 目 40 科 74 属 114 种。其中国家Ⅰ级保护鸟类共 2 种，数量占 1.75%；国家Ⅱ级保护鸟类共 17 种，数量占 14.91%。河南省重点保护鸟类 7 种，数量占 6.14%。维持养分循环指标的价值增量相比之下则较小，从 1980 年的 1463.71 万元减少至 2019 年的 1317.07 万元，共减少 146.64 万元，其在支持功能的价值占比中也由 1980 年的 10.78 %下降至 2019 年的 5.58 %。虽然占比呈下降趋势，但是养分循环作为湿地自身能量的循环方式之一，新乡黄河滩涂湿地不仅有着良好的循环过程，同时也以各种方式向湿地外输送能量。不仅使湿地土壤变得更加肥沃，改善农耕环境，也是全球生物地化循环不可或缺的环节。

总体来说，作为国家级自然保护区，新乡黄河滩涂湿地的生物多样性极其丰富，其维持生物多样性指标的价值不仅在支持功能的价值中占比较高，在生态系统服务总价值中的占比也是非常高的，足以说明新乡黄河滩涂湿地生态环境的质量很高，生存条件优越。历年支持功能价值占比如图 4-5 所示。

### 4.2.5 文化功能价值评估分析

文化功能指标主要包括休闲旅游指标和教育科研指标。在新乡黄河滩涂湿地生态系统服务总价值中占比最小，历年都基本保持在 10%左右，在 1980 年仅占 4.71%。在文化功能价值中，占主要贡献的是休闲旅游指标，其次为教育科研指标。新乡黄河滩涂湿地文化功能价值见表 4-30。

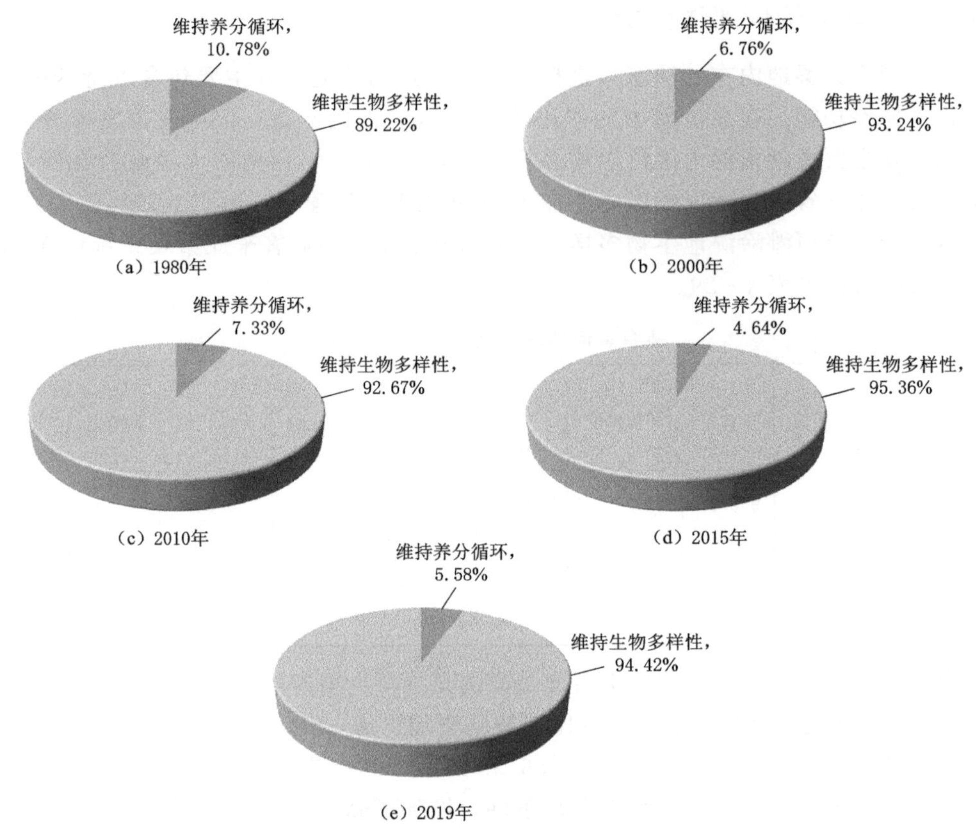


图 4-5 新乡黄河滩涂湿地历年支持功能占比

**表 4-30 新乡黄河滩涂湿地文化功能价值**

| 功能指标 | 1980 年 | | 2000 年 | | 2010 年 | | 2015 年 | | 2019 年 | |
|---|---|---|---|---|---|---|---|---|---|---|
| | 价值量/万元 | 单位价值/(万元/$hm^2$) | 价值量/万元 | 单位价值/(万元/$hm^2$) | 价值量/万元 | 单位价值/(万元/$hm^2$) | 价值量/万元 | 单位价值/(万元/$hm^2$) | 价值量/万元 | 单位价值/(万元/$hm^2$) |
| 休闲旅游 | 3627.76 | 0.50 | 12181.58 | 2.69 | 11126.02 | 2.18 | 8175.49 | 1.59 | 9017.93 | 1.65 |
| 教育科研 | 1466.15 | 0.04 | 940.75 | 0.04 | 1016.35 | 0.04 | 831.62 | 0.04 | 808.69 | 0.036 |

从文化功能价值构成看，休闲旅游指标的价值最高，其次为教育科研指标价值。休闲旅游指标从 1980 年的 3627.76 万元增加至 2019 年的 9017.93 万元，共增加 5390.17 万元。其主要原因是河南省人民政府打造黄河湿地公园群，涉及长垣、封丘、开封等共计 25 个县。为此河南省积极开展退耕还湿、退养还滩、引水增湿、生态补水，稳定和扩大湿地面积等措施。通过依托黄河干流建设可淹没性湿地，并打造人工湖泊湿地共同形成黄河沿线自然湿地和人工湿地结合的湿地公园群。这是黄河流域生态保护和高质量发展国家战略的重要举措。得益于此，新乡黄河滩涂湿地部分成为美丽的风景点。不仅如此，国家级自然保护区的设立，也让诸多学者对湿

地的功能和价值展开了不同程度和不同方向的研究。但目前的教育科研指标价值不高，从1980年的1466.15万元减少至2019年的808.69万元，共减少657.46万元。新乡黄河滩涂湿地蕴含着巨大的潜在科研价值，需要对其提高宣传力度，提高知名度，吸引更多的学者发掘其科研价值。

总体来说，根据李建勇的研究，湿地休闲旅游价值的占比通常在1%～10%，新乡黄河滩涂湿地的休闲旅游指标价值占比为1%左右，符合正常情况，但价值量不高，应在未来注重发展新乡黄河滩涂湿地的科研条件，改善科研环境。而作为旅游景点，新乡黄河滩涂湿地有着良好的发展前景，其黄河文化、动植物景观极其丰富，有利于促进旅游业的发展。历年文化功能价值占比如图4-6所示。

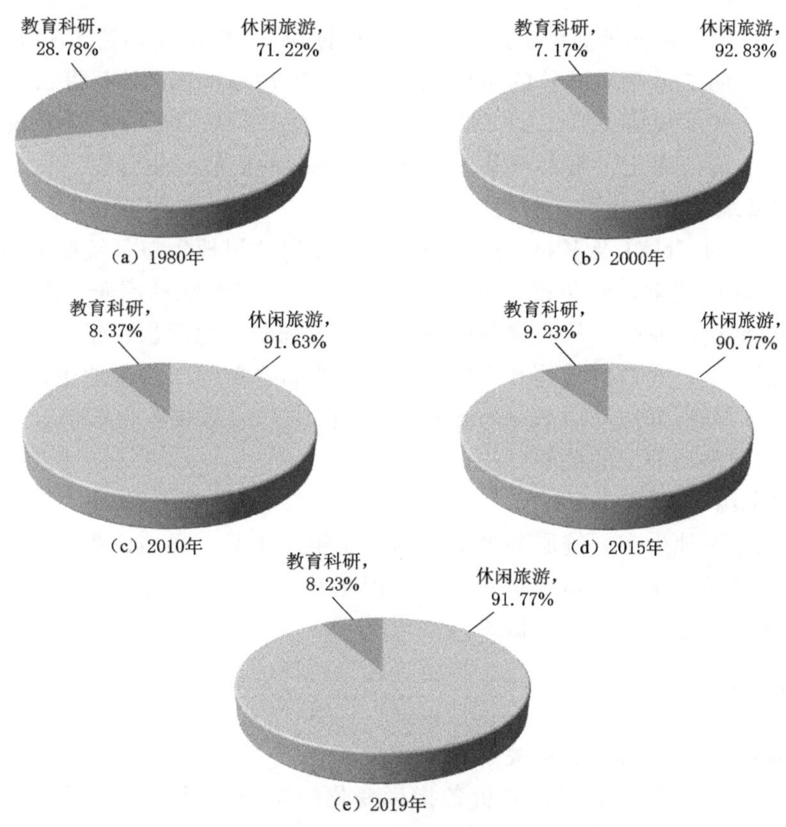


图4-6 新乡黄河滩涂湿地历年文化功能占比

## 4.3 生态系统服务协同/权衡及驱动因素分析

### 4.3.1 研究方法

#### 4.3.1.1 协同/权衡关系

生态系统服务协同/权衡度（Ecosystem Services Trade-off Degree，ESTD）是在各

指标价值的线性拟合中，体现各指标功能互相作用关系的方法。对 Gong 等的研究方法进行改进，精简不必要的重复计算，使计算结果更加清晰。计算公式如下：

$$ESCI_i = \frac{ES_{ia} - ES_{ib}}{ES_{ib}} \tag{4-2}$$

$$ESTD_{ij} = \frac{1}{2}\left(\frac{ESCI_i}{ESCI_j} + \frac{ESCI_j}{ESCI_i}\right) \tag{4-3}$$

式中 $ESCI_i$——第 $i$ 种生态系统服务指标变化指数（Ecosystem Services Change Index，ESCI）；

$ES_{ia}$、$ES_{ib}$——代表 $a$ 年（最终年）和 $b$ 年（初始年）的第 $i$ 种生态系统服务指标价值；

$ESTD_{ij}$——第 $i$ 种和第 $j$ 种生态系统服务指标协同/权衡度，若 $ESTD_{ij}>0$，则表明二者互为增长的协同关系；若 $ESTD_{ij}<0$，则表明二者互为此消彼长的权衡关系。$ESTD_{ij}$ 的绝对值表示基于第 $j$ 种生态系统服务指标的价值变化，第 $i$ 种生态系统服务指标的价值变化程度。

#### 4.3.1.2 生态系统服务驱动因子解析

利用频度统计对 CNKI 及 Web of Science 数据库以“湿地生态系统服务价值变化及驱动因子”为索引进行搜索，收集现状众多学者使用频率高的驱动因子。遵循客观、易获取、代表性的数据选取原则，从收集到的众多因子中选取湿地面积、年均气温、年均降雨量、GDP、城镇化率、人口数量等 6 个影响因子作为新乡黄河滩涂湿地生态系统变化的驱动因素进行分析。分析方法采用 Spearman 相关分析法，使用软件为 SPSS 22.0 软件，研究价值动态变化和驱动因子的关系。

#### 4.3.1.3 数据来源

新乡黄河滩涂湿地生态系统服务价值数据源于第 4.1 节；湿地面积、年均气温、年均降雨量、GDP、城镇化率、人口数量 6 个驱动因子数据来源于《新乡统计年鉴》、相关文献以及中国经济与社会发展统计数据库。

### 4.3.2 结果分析

#### 4.3.2.1 生态系统服务协同/权衡关系

通过新乡黄河滩涂湿地 ESTD 分析各指标变化的协同/权衡关系，见表 4-30。新乡黄河滩涂湿地生态系统服务价值指标共组成协同/权衡关系 312 对，协同共 166 对，权衡共 146 对，二者分别占比 46.79%和 53.21%。

（1）在 1980—2000 年，各生态系统服务价值指标共组成 78 对，权衡共 42 对，协同共 36 对，二者分别占比 53.85%和 46.15%。权衡关系在 1980—2000 年新乡黄河滩涂湿地生态系统服务价值变化中占主导关系。从各指标分析：气候调节指标与休闲旅游、农业产品指标呈显著权衡关系，而与固碳释氧、净化水质等指标呈为协同关系；水资源调蓄指标和农业产品、休闲旅游指标呈显著权衡关系，而与净化水质、净化空气、维持养分循环维等指标为协同关系；固碳释氧指标与农业产品、渔业产品、休闲旅游指标呈显著权衡关系，而与气候调节、净化空气、维持养分循环等指标呈协同关系；净化水质指标与水资源供给、维持生物多样性、休闲旅游等指标呈权衡关系，而与净化空气、维持养分循环等指标呈协同关系；水源涵养指标与水资源调蓄、固碳释氧指标呈显著权衡关系，而与水资源供给、维持生物多样性等指标呈协同关系；净化空气指标与农业产品、休闲旅游指标呈权衡关系，而与维持养分循环、科研教育等指标呈协同关系。

（2）在2000—2010年，各生态系统服务价值指标共组成78组数值，权衡共22对，协同共56对，二者分别占比28.21%和71.79%。协同关系在1980—2000年新乡黄河滩涂湿地生态系统服务价值变化中占主导关系。从各指标分析：气候调节指标和水资源调蓄、休闲旅游指标呈权衡关系，而与水资源供给、固碳释氧等指标呈为协同关系；水资源调蓄指标和农业产品、渔业产品指标呈显著权衡关系，而与休闲旅游指标呈协同关系；固碳释氧指标和水资源调蓄指标呈权衡关系，而与净化水质、水源涵养等指标呈协同关系；净化水质指标和水资源涵养、休闲旅游指标呈权衡关系，而与水域供给、净化空气等指标呈协同关系；水源涵养指标和休闲旅游指标呈权衡关系，而与净化水质、维持生物多样性等指标呈协同关系；净化空气指标和休闲旅游、水资源调蓄指标呈权衡关系，而与维持养分循环、教育科研等指标呈协同关系。

（3）在2010—2015年，各生态系统服务价值指标共组成78组数值，权衡共36对，协同共42对，二者分别占比46.15%和53.85%。协同关系在1980—2000年新乡黄河滩涂湿地生态系统服务价值变化中占主导关系。从各指标分析：气候调节指标和休闲旅游指标呈显著权衡关系，而与维持生物多样性指标呈显著协同关系；水资源调蓄指标和维持生物多样性指标呈显著权衡关系，而与休闲旅游、教育科研指标呈显著协同关系；固碳释氧指标和维持生物多样性指标呈显著权衡关系，而与休闲旅游、教育科研指标呈显著协同关系；净化水质指标和休闲旅游、教育科研等指标呈权衡关系，而与维持生物多样性指标呈显著协同关系；水源涵养指标和水资源调蓄、固碳释氧指标呈显著权衡关系，而与维持养分循环、气候调节指标呈显著协同关系；净化空气指标和休闲旅指标呈显著权衡关系，而与维持生物多样性等指标呈显著协同关系。

（4）在2015—2019年，各生态系统服务价值指标共组成78组数值，权衡共30对，协同共48对，二者分别占比38.46%和61.54%。协同关系在1980—2000年新乡黄河滩涂湿地生态系统服务价值变化中占主导关系。从各指标分析：气候调节指标和水资源调蓄指标呈显著权衡关系，而与水资源供给、固碳释氧等指标呈协同关系；水资源调蓄指标和水源涵养、农业产品指标呈显著权衡关系，而与维持生物多样性、教育科研指标呈协同关系；固碳释氧指标和水资源调蓄指标呈权衡关系，而与水源涵养、农业产品等指标呈协同关系；净化水质指标和水资源调蓄等指标呈权衡关系，而与水源涵养、农业产品等指标呈协同关系；水源涵养指标和水资源调蓄指标呈显著权衡关系，而与固碳释氧、水资源供给等指标呈协同关系；净化空气指标和水资源调蓄等指标呈权衡关系，而与维持养分循环、水源涵养等指标呈协同关系。

综上所述，在1980—2000年，权衡关系在新乡黄河滩涂湿地生态系统服务价值变化中占主导关系，在1980—2000年、2000—2010年，从权衡关系占主导变为协同关系为主导，并在2010—2015年、2015—2019年持续以协同关系为主导关系，见表4-31。主要由于供给功能、调节功能、支持功能、文化功能四大功能的多个生态系统服务价值指标间关系由权衡关系变为协同关系；例如农业产品和净化空气、渔业产品和气候调节等均由1980—2000年的权衡关系至2000—2010年转变为协同关系。生态系统服务源于生态结构、过程和功能的持续作用，新乡黄河滩涂湿地的生态系统服务价值从1980—2019年呈持续增加趋势，且各项指标间由权衡关系占主导转为由协同关系占主导，可以看出，自2000年起，新乡黄河滩涂湿地生态系统结构和功能整体已趋向可持续发展。

**表4-31　新乡黄河滩涂湿地生态系统服务协同/权衡关系**

| ESTD | 年份 | $ESC_1$ | $ESC_2$ | $ESC_3$ | $ESC_4$ | $ESC_5$ | $ESC_6$ | $ESC_7$ | $ESC_8$ | $ESC_9$ | $ESC_{10}$ | $ESC_{11}$ | $ESC_{12}$ | $ESC_{13}$ |
|---|---|---|---|---|---|---|---|---|---|---|---|---|---|---|
| $ESC_1$ | 1980—2000 | 1.00 | | | | | | | | | | | | |
| | 2000—2010 | 1.00 | | | | | | | | | | | | |
| | 2010—2015 | 1.00 | | | | | | | | | | | | |
| | 2015—2019 | 1.00 | | | | | | | | | | | | |
| $ESC_2$ | 1980—2000 | 1.06 | 1.00 | | | | | | | | | | | |
| | 2000—2010 | 1.19 | 1.00 | | | | | | | | | | | |
| | 2010—2015 | 1.03 | 1.00 | | | | | | | | | | | |
| | 2015—2019 | 1.18 | 1.00 | | | | | | | | | | | |
| $ESC_3$ | 1980—2000 | 1.25 | 1.07 | 1.00 | | | | | | | | | | |
| | 2000—2010 | 5.77 | 3.21 | 1.00 | | | | | | | | | | |
| | 2010—2015 | 3.95 | 3.08 | 1.00 | | | | | | | | | | |
| | 2015—2019 | 3.18 | 1.85 | 1.00 | | | | | | | | | | |
| $ESC_4$ | 1980—2000 | −8.46 | −6.09 | −4.26 | 1.00 | | | | | | | | | |
| | 2000—2010 | 1.92 | 1.23 | 1.76 | 1.00 | | | | | | | | | |
| | 2010—2015 | 8.04 | 6.21 | 1.27 | 1.00 | | | | | | | | | |
| | 2015—2019 | 1.20 | 1.00 | 1.82 | 1.00 | | | | | | | | | |
| $ESC_5$ | 1980—2000 | −38.18 | −27.43 | −19.06 | 2.38 | 1.00 | | | | | | | | |
| | 2000—2010 | −5.39 | −3.00 | −1.00 | −1.67 | 1.00 | | | | | | | | |
| | 2010—2015 | −12.70 | −9.79 | −1.78 | −1.11 | 1.00 | | | | | | | | |
| | 2015—2019 | −18.12 | −9.97 | −3.00 | −9.77 | 1.00 | | | | | | | | |
| $ESC_6$ | 1980—2000 | −31.77 | −22.83 | −15.87 | 2.02 | 1.02 | 1.00 | | | | | | | |
| | 2000—2010 | 9.94 | 5.46 | 1.15 | 2.87 | −1.20 | 1.00 | | | | | | | |
| | 2010—2015 | −7.07 | −5.46 | −1.18 | −1.01 | 1.18 | 1.00 | | | | | | | |
| | 2015—2019 | 2.51 | 1.51 | 1.03 | 1.49 | −3.84 | 1.00 | | | | | | | |
| $ESC_7$ | 1980—2000 | −2.80 | −2.08 | −1.54 | 1.71 | 7.08 | 5.90 | 1.00 | | | | | | |
| | 2000—2010 | 3.60 | 2.06 | 1.12 | 1.24 | −1.09 | 1.58 | 1.00 | | | | | | |
| | 2010—2015 | 6.64 | 5.14 | 1.14 | 1.02 | −1.22 | −1.00 | 1.00 | | | | | | |
| | 2015—2019 | 2.43 | 1.47 | 1.04 | 1.45 | −3.96 | 1.00 | 1.00 | | | | | | |

续表

| ESTD | 年份 | $ESC_1$ | $ESC_2$ | $ESC_3$ | $ESC_4$ | $ESC_5$ | $ESC_6$ | $ESC_7$ | $ESC_8$ | $ESC_9$ | $ESC_{10}$ | $ESC_{11}$ | $ESC_{12}$ | $ESC_{13}$ |
|---|---|---|---|---|---|---|---|---|---|---|---|---|---|---|
| $ESC_8$ | 1980—2000 | 1.73 | 1.35 | 1.10 | −2.78 | −12.19 | −10.15 | −1.15 | 1.00 | | | | | |
| | 2000—2010 | 5.45 | 3.04 | 1.00 | 1.68 | −1.00 | 1.19 | 1.09 | 1.00 | | | | | |
| | 2010—2015 | 1.03 | 1.00 | 3.10 | 6.25 | −9.87 | −5.50 | 5.18 | 1.00 | | | | | |
| | 2015—2019 | 1.00 | 1.24 | 3.46 | 1.26 | −19.74 | 2.71 | 2.63 | 1.00 | | | | | |
| $ESC_9$ | 1980—2000 | −2.80 | −2.08 | −1.54 | 1.71 | 7.08 | 5.90 | 1.00 | −1.15 | 1.00 | | | | |
| | 2000—2010 | 3.60 | 2.06 | 1.12 | 1.24 | −1.09 | 1.58 | 1.00 | 1.09 | 1.00 | | | | |
| | 2010—2015 | 6.64 | 5.14 | 1.14 | 1.02 | −1.22 | −1.00 | 1.00 | 5.18 | 1.00 | | | | |
| | 2015—2019 | 2.43 | 1.47 | 1.04 | 1.45 | −3.96 | 1.00 | 1.00 | 2.63 | 1.00 | | | | |
| $ESC_{10}$ | 1980—2000 | −2.95 | −2.18 | −1.60 | 1.64 | 6.71 | 5.59 | 1.00 | −1.19 | 1.00 | 1.00 | | | |
| | 2000—2010 | 2.56 | 1.53 | 1.38 | 1.05 | −1.32 | 2.14 | 1.07 | 1.33 | 1.07 | 1.00 | | | |
| | 2010—2015 | 10.39 | 8.01 | 1.52 | 1.03 | −1.02 | −1.08 | 1.10 | 8.07 | 1.10 | 1.00 | | | |
| | 2015—2019 | 1.10 | 1.01 | 2.12 | 1.02 | −11.65 | 1.70 | 1.66 | 1.14 | 1.66 | 1.00 | | | |
| $ESC_{11}$ | 1980—2000 | 14.79 | 10.64 | 7.41 | −1.16 | −1.49 | −1.31 | −2.82 | 4.76 | −2.82 | −2.68 | 1.00 | | |
| | 2000—2010 | 5.51 | 3.07 | 1.00 | 1.70 | −1.00 | 1.18 | 1.10 | 1.00 | 1.10 | 1.34 | 1.00 | | |
| | 2010—2015 | 2.25 | 2.85 | 16.58 | 34.09 | −54.01 | −29.95 | 28.13 | 2.83 | 28.13 | 44.12 | 1.00 | | |
| | 2015—2019 | −5.17 | −2.90 | −1.13 | −2.85 | 1.91 | −1.30 | −1.33 | −5.63 | −1.33 | −3.36 | 1.00 | | |
| $ESC_{12}$ | 1980—2000 | 1.01 | 1.11 | 1.37 | −9.71 | −43.88 | −36.52 | −3.20 | 1.94 | −3.20 | −3.37 | 17.00 | 1.00 | |
| | 2000—2010 | −5.12 | −2.86 | −1.01 | −1.60 | 1.00 | −1.23 | −1.07 | −1.00 | −1.07 | −1.27 | −1.00 | 1.00 | |
| | 2010—2015 | −1.17 | −1.37 | −6.94 | −14.22 | 22.51 | 12.49 | −11.74 | −1.36 | −11.74 | −18.39 | −1.41 | 1.00 | |
| | 2015—2019 | 1.55 | 1.09 | 1.35 | 1.08 | −6.64 | 1.16 | 1.14 | 1.66 | 1.14 | 1.16 | −2.00 | 1.00 | |
| $ESC_{13}$ | 1980—2000 | −2.95 | −2.18 | −1.60 | 1.64 | 6.71 | 5.59 | 1.00 | −1.19 | 1.00 | 1.00 | −2.68 | −3.37 | 1.00 |
| | 2000—2010 | 5.51 | 3.07 | 1.00 | 1.70 | −1.00 | 1.18 | 1.10 | 1.00 | 1.10 | 1.34 | 1.00 | −1.00 | 1.00 |
| | 2010—2015 | −1.02 | −1.11 | −4.78 | −9.76 | 15.44 | 8.58 | −8.06 | −1.10 | −8.06 | −12.62 | −1.89 | 1.07 | 1.00 |
| | 2015—2019 | −5.17 | −2.90 | −1.13 | −2.85 | 1.91 | −1.30 | −1.33 | −5.63 | −1.33 | −3.36 | 1.00 | −2.00 | 1.00 |

注 $ESC_1$：农业产品；$ESC_2$：渔业产品；$ESC_3$：水资源供给；$ESC_4$：气候调节；$ESC_5$：水资源调蓄；$ESC_6$：固碳释氧；$ESC_7$：净化水质；$ESC_8$：水源涵养；$ESC_9$：净化空气；$ESC_{10}$：维持养分循环；$ESC_{11}$：维持生物多样性；$ESC_{12}$：休闲旅游；$ESC_{13}$：教育科研。

#### 4.3.2.2 生态系统服务价值动态变化及驱动因子解析

新乡黄河滩涂湿地生态系统服务价值动态变化见表 4-32。从总价值来看，1980 年、2000 年、2010 年、2015 年、2019 年总价值分别为 51195.30 万元、68435.18 万元、73522.90 万元、81363.29 万元、87063.12 万元。年均变化率：1980—2000 年为 1.68%；2000—2010 年为 0.37%；2010—2015 年 0.53%；2015—2019 年为 0.35%，均表现为正向变化。从各项指标来看：农业产品、渔业产品、水资源供给、水源涵养指标价值呈持续增长趋势；气候调节、固碳释氧、净化水质、净化空气、维持养分循环指标价值呈先减小后增加趋势；水资源调蓄指标价值呈持续减少趋势。

表 4-32　新乡黄河滩涂湿地生态系统服务价值动态变化

| 功能类型 | 生态系统服务价值/万元 | | | | | 年均变化率/% | | | |
|---|---|---|---|---|---|---|---|---|---|
| | 1980 年 | 2000 年 | 2010 年 | 2015 年 | 2019 年 | 1980—2000 年 | 2000—2010 年 | 2010—2015 年 | 2015—2019 年 |
| 农业产品 | 1040.26 | 3174.25 | 5962.72 | 6854.10 | 8789.87 | 10.26 | 4.39 | 0.75 | 1.41 |
| 渔业产品 | 963.20 | 2382.40 | 3525.50 | 3931.39 | 4541.60 | 7.37 | 2.40 | 0.58 | 0.78 |
| 水资源供给 | 5666.55 | 11466.74 | 12346.40 | 12583.63 | 13156.07 | 5.12 | 0.38 | 0.10 | 0.23 |
| 气候调节 | 2030.89 | 1783.66 | 2223.46 | 2244.22 | 2585.36 | −0.61 | 1.23 | 0.05 | 0.76 |
| 水资源调蓄 | 14337.12 | 13951.88 | 12804.12 | 12728.66 | 12629.37 | −0.13 | −0.41 | −0.03 | −0.04 |
| 固碳释氧 | 1645.77 | 1592.63 | 1663.21 | 1645.53 | 1742.29 | −0.16 | 0.22 | −0.05 | 0.29 |
| 净化水质 | 4009.20 | 2492.33 | 2802.83 | 2834.55 | 3006.96 | −1.89 | 0.62 | 0.06 | 0.30 |
| 水源涵养 | 2727.50 | 4511.62 | 4878.22 | 5444.32 | 7119.98 | 3.27 | 0.41 | 0.58 | 1.54 |
| 净化空气 | 105.07 | 65.31 | 73.45 | 74.28 | 78.80 | −1.89 | 0.62 | 0.06 | 0.30 |
| 维持养分循环 | 1463.71 | 939.19 | 1106.90 | 1114.88 | 1317.07 | −1.79 | 0.89 | 0.04 | 0.91 |
| 维持生物多样性 | 12112.13 | 12952.86 | 13993.73 | 22900.63 | 22269.11 | 0.35 | 0.40 | 3.18 | −0.14 |
| 休闲旅游 | 3627.76 | 12181.58 | 11126.02 | 8175.49 | 9017.93 | 11.79 | −0.43 | −1.33 | 0.52 |
| 教育科研 | 1466.15 | 940.75 | 1016.35 | 831.62 | 808.69 | −1.79 | 0.40 | −0.91 | −0.14 |
| 总计 | 51195.30 | 68435.18 | 73522.90 | 81363.29 | 87063.12 | 1.68 | 0.37 | 0.53 | 0.35 |

新乡黄河滩涂湿地生态演变无时无刻地受到外界因素的影响，其价值动态变化就是一种外在的表现形式。湿地生态系统服务动态变化和驱动因子间的 Pearson 相关分析见表 4—33。可以看到，农业产品指标主要与年均气温（$r=0.97$，$p<0.01$）、GDP（$r=0.97$，$p<0.01$）、城镇化率（$r=0.96$，$p<0.01$）呈极显著正相关关系；渔业产品指标主要与年均气温（$r=0.97$，$p<0.01$）、城镇化率（$r=0.98$，$p<0.01$）呈极显著正相关关系，与湿地面积（$r=0.99$，$p<0.05$）、GDP（$r=0.93$，$p<0.05$）、人口数量（$r=0.90$，$p<0.05$）呈显著正相关关系；水资源供给指标与人口数量（$r=0.98$，$p<0.01$）呈极显著正相关关系，与年均气温（$r=0.90$，$p<0.05$）呈显著正相关关系，与湿地面积（$r=-0.97$，$p<0.01$）呈极显著负相关关系；气候调节指标与 GDP（$r=0.91$，$p<0.05$）呈显著正相关关系；水资源调蓄指标与城镇化率（$r=-0.98$，$p<0.01$）呈极显著负相关关系，与年均气温（$r=0.92$，$p<0.05$）、GDP（$r=0.89$，$p<0.05$）呈显著负相关关系；净化水质指标与人口数量（$r=0.89$，$p<0.05$）呈显著负相关关系；水源涵养指标与年均气温（$r=0.96$，$p<0.05$）、GDP（$r=0.93$，$p<0.05$）、城镇化率（$r=0.91$，$p<0.05$）、湿地面积（$r=0.89$，$p<0.05$）呈显著正相关关系；净化空气指标与人口数量（$r=-0.88$，$p<0.05$）呈显著负相关关系；维持生物多样性指标与 GDP（$r=0.92$，$p<0.05$）呈显著正相关关系；教育科研指标与湿地面积（$r=0.97$，$p<0.01$）呈极显著正相关关系，与人口数量（$r=-0.97$，$p<0.01$）呈极显著负相关关系。

表 4-33 新乡黄河滩涂湿地生态系统服务和驱动因子相关性分析

| 项目 | 湿地面积 | 年均气温 | 年均降雨量 | GDP | 城镇化率 | 人口数量 |
|---|---|---|---|---|---|---|
| 农业产品 | −0.85 | 0.97** | −0.46 | 0.9** | 0.96** | 0.84 |
| 渔业产品 | −0.90* | 0.97** | −0.34 | 0.93* | 0.98** | 0.90* |
| 水资源供给 | −0.97** | 0.90* | 0.05 | 0.73 | 0.85 | 0.98** |
| 气候调节 | −0.42 | 0.77 | −0.86 | 0.91* | 0.84 | 0.41 |
| 水资源调蓄 | 0.78 | −0.92* | 0.43 | −0.89* | −0.98** | −0.83 |
| 固碳释氧 | −0.27 | 0.68 | −0.86 | 0.80 | 0.68 | 0.25 |
| 净化水质 | 0.85 | −0.59 | −0.54 | −0.30 | −0.47 | −0.89* |
| 水源涵养 | 0.89* | 0.96* | −0.35 | 0.93* | 0.91* | 0.84 |
| 净化空气 | 0.85 | −0.59 | −0.54 | −0.30 | −0.47 | −0.89* |
| 维持养分循环 | 0.59 | −0.24 | −0.80 | 0.07 | −0.13 | −0.66 |
| 维持生物多样性 | −0.72 | 0.70 | −0.57 | 0.92* | 0.85 | 0.60 |
| 休闲旅游 | −0.71 | 0.55 | 0.60 | 0.17 | 0.35 | 0.80 |
| 教育科研 | 0.97** | −0.85 | −0.04 | −0.75 | −0.81 | −0.96** |

注 *代表显著性相关，$p<0.05$；**代表极显著性相关，$p<0.01$。

新乡黄河滩涂湿地生态系统的演变受到自然、社会发展、人类活动等外界因素直接、间接的影响，量化评估的湿地生态系统服务价值就是一种较为直观的表现形式。自然因素主要指天气气候对湿地生态系统的影响，包括气温和降雨量。根据新乡气象局提供的1980—2019年的气候相关数据表明：年均降雨量在1980—2019年呈现较大的年际间波动性，但在2000年达到最高的863.23mm之后，年均降雨量逐年减少，整体随年份改变呈下降趋势；年均气温在1980—2019年间也呈现年纪间波动性，整体因年份改变而有上升的趋势。水是湿地之“魂”，是孕育湿地的核心因素，在年均气温逐年升高，而年均降雨量不断减少的趋势下，湿地内部蒸发量或因此而上升，而以降雨为主要水源的湖泊、沼泽及河流等内陆湿地水域面积则会缩减，从而致使湿地植被结构变动，生境质量降低等湿地生态系统结构、功能的改变。这些变化最终影响与之相关的各项生态系统服务功能的发挥。除此之外，河道变动也会导致滩涂湿地面积减少，致使湿地生境退化、珍稀动物栖息地缩减或丧失。社会发展、人类活动因素的影响则主要体现在人口增长、经济发展、城市繁荣等越发频繁的现象之上。人口是影响湿地生态系统最具活力的因素之一，人口的增加直接抬高粮食、房屋等社会多层次的需求。为了满足人口快速增长的需求，更多的天然湿地被开垦成农田、渔业基地或厂房。从而致使湿地自身结构、功能受到严重影响。经济的快速发展、GDP的不断上升，意味着居民逐渐富裕，使得他们对自身居住环境的要求不断提高，相应的刺激房地产事业迸发，而湿地天然优良的环境和位置成为了被开发的第一选择，这同样也致使大量湿地天然面积缩减，相应的生态系统服务功能丧失。不仅如此，居民收入的提高同样也提高了消费水平，这促进了旅游业的发展。大量人工建设，圈地造景等改造项目同样也威胁着湿地生态系统的发展。基于房屋开扩建、农田渔业等生产活动的过度干扰，使得湿地逐渐被限制在固有的区域，其与外界的物质、能量循环，信息交流受到极大的影响。并随着持续性的干扰，湿地生态系统结构、功能产生根本性变化。此外，人类活动的频繁致使生活、工业污染物显著增加，直接威胁湿地水体质量。最终不仅危害湿地环境，还加剧了外来物种入侵的风险。因此，对新乡黄河滩涂湿地生态系统服务价值进行评估和驱动因子解析，可进一步探究自然、社会发展、人类活动与湿地生态系统之间的内在作用机制。

# 5 湿地生态环境脆弱性评价体系与方法

生态环境脆弱性评价是从定量和定性两个方面着手，对影响区域生态环境的要素加以研究分析，为进行自然资源开发利用、生态环境保护与管理等工作提供理论基础与技术支持，从而让人们能够准确掌握区域生态环境的现状与分布特征，剖析其演变规律及驱动特征。黄河下游湿地具有物质资源丰裕、调控生态平衡等优点，为人类及其他动植物的生存发展奠定物质基础，也对生态系统协调发展起着重要的作用。该地自然与人类干扰活动是影响其生态环境脆弱化不可小觑的因素，故根据黄河下游湿地生态环境与人文特点，有针对性地构建黄河下游湿地生态环境脆弱性评价指标体系，结合模糊数学及突变理论对湿地生态环境脆弱性进行评价，有利于后续对其运动规律的研究、维持湿地自身恢复能力、合理配置湿地自然资源，更好地促进湿地生态环境良性发展以及同人类生产、生活可持续发展的和谐局面。

## 5.1 评价指标体系

### 5.1.1 概念与特点

指标作为体现研究对象整体现象的特定概念，主要从数量关系与特征的角度对总体某一属性进行剖析。一个指标可以说明研究对象的某个方面，若将多个相互联系的指标组织在一起，就能够全面反映出相对复杂研究对象的多方面属性及综合特征。由若干个能表征对象特性的指标组成评价指标体系，不仅能够更全面、科学、简练表达出研究对象总体特点，还可以反映出指标之间的既相互联系又彼此制约的关系。评价指标体系应具有实践性、适用性、代表性、科学性等特点。选取指标时，需针对研究对象内外实际状况进行选取，并结合所选多个指标建立一个层次性强、内在联系紧密的评价指标体系。

### 5.1.2 构建原则

指标体系的建立是生态环境脆弱性评估的前提条件和基础性工作，其表示评价区域的各个方面状况，在选取指标时需要同时兼顾考虑研究区域的内在属性及外界干扰所带来的影响。为建立合理性、规范化、科学性的评价指标体系，构建评价指标体系时应遵循以下原则：

（1）系统性原则。选取的各个指标之间应具有一定逻辑性。由于任一区域的自然与人文体系都有其特殊的功能与结构，其各自独立又相互联系，形成有机的整体。指标不仅需要从各个角度反映出社会经济、自然状况、生态环境等方面的特性，还应剖析各子系统之间的内在联系，来建立具有层次性、层层递进的评价指标体系。

（2）代表性原则。针对研究区域的综合特征选取有代表性的评价指标，这样即使是在指标数量减少时也可以保证评价结果的可靠性及计算的准确性。此外，评价标准的划分、指标权重分配、评价指标体系的设立均应以研究区域具体情况为基准确定。

（3）静态性与动态性相结合原则。一定时间尺度的评价指标不仅能够反映出研究区域经济社会与自然环境的现状，还应反映出其动态发展的过程。

（4）科学性原则。评价指标体系的建立需以科学性为原则，真实、客观、合理地反映研究区域各方面的发展特点以及各指标之间的真实性。首先，所选取的指标不宜过于冗余，过多的重叠不仅会使计算更加复杂，还会使评价结果不准确；也不能过简过少，否则指标信息出现缺失，易造成失真状况；其次，指标所含数据应是易于搜集的，否则在估计或计算时无法应用。

（5）定性与定量相结合原则。在指标的选取上需要注意其计算量度与方法相统一，各指标应具有可比性及实践性。同时也应考虑尽量选取可量化指标，难以量化的主要影响指标也可采用定性描述，以便进行相关计算与讨论。

（6）综合性原则。评价指标体系的建立应以最终目标为重点，综合全面考虑研究区域的社会、经济、环境、生态系统等大量影响因素，从而进行综合的评价与分析。

### 5.1.3 评价指标体系

根据评价指标选取及体系构建的原则，基于湿地生态系统理论、生态环境脆弱性演变机理以及驱动力机制，结合黄河下游湿地自然环境、生态系统、社会经济等特性，建立以黄河下游湿地生态环境脆弱性为总目标，以自然环境影响与人类活动干扰因素为准则层，以水沙状况、气象条件、植被土壤、社会活动因素及经济发展状况为指标层，以年均含沙量、年径流量、年均降水量、干旱指数、人口密度等指标为因子层的黄河下游湿地生态环境脆弱性评价指标体系。

水沙状况是黄河下游湿地形成与发育的基础，由于湿地处于发育初期，其生态环境及承载力具有脆弱、不稳定的特点，黄河水沙变异阻碍了湿地生态环境能量与物质的循环交换过程，湿地自然演替的发展遭到滞碍，从而使湿地面积减少，同时也使海岸线易发生侵蚀。而水作为湿地的生存之本，维系着湿地生态系统平衡，水资源量的减少严重影响着湿地生物多样性、植被生长及地区人民的生产生活等方面，对湿地及所在区域生态环境具有重要作用。气象条件是湿地良性发展的必要条件之一，为湿地提供水资源、植被作物生长条件等方面，降水、气温、湿度等气象因子的变异会引起湿地作物减缓生长、植被类型及其结构改变、区域物候变化等问题的产生，对湿地生态环境造成不利影响。植被与土壤是保护湿地生态环境的屏障，其阻挡了外界对湿地的不良影响，植被类型及数量的减少、土地盐碱化程度加大、沙土液化灾害发生等现象将使湿地生态环境日益恶化。而人类社会经济活动是影响湿地生态环境脆弱的主导因素之一，基础设施建设、引入外来物种、过度开发利用等都会直接导致湿地生态环境逐渐脆弱。这些是作为导致湿地生态环境脆弱程度加深的主要影响因子，因此选取这些因子来建立生态环境脆弱性评价指标体系，来阐述黄河下游湿地脆弱生态环境演变，使之能够更加宏观和全面地进行评价。

# 5.2 评 价 模 型

评价方法是进行区域生态脆弱性评价的关键步骤之一。正确选用综合性、适用性、实践性强的评价方法，能够使区域生态环境脆弱性评价结果准确度提高，从而对更加全面分析研究区实际状况具有十分重要的作用。目前，常用的评价方法有层次分析（AHP）法、灰色关联度分析法、综合指数法、EFI 法等。应结合研究区域评价指标及相应数据的不同特点，选取能够反映研究系统综合特性的生态环境脆弱性评价方法。

## 5.2.1 突变级数法

突变级数法是基于突变理论的综合评价方法，主要是将各个层次之间的指标进行重要程度的对比排序，结合模糊数学及突变理论形成突变模糊隶属函数，通过归一公式由下至上逐层推算，直到求出总隶属函数度从而进行分析。相较于传统方法具有两方面优势，首先是计算过程简单、准确性强，评价结果量化程度较高；其次是在评价过程中无需人为考虑指标权重的计算，仅考虑评价指标间相对重要度，这样既保持了评价的合理性、科学性又减少了主观性带来的偏差。

### 5.2.1.1 突变理论

自然界有许多如地球绕太阳运转，其运动变化轨迹是连续的、稳定的，但也存在某些事物的变化过程是从连续、渐变转化为突变、飞跃，而这种现象就称为突变现象。如何利用数学工具对这种现象进行描述，这就需要建立一个针对突变、不连续现象的数学理论。1972 年，法国数学家勒内 · 托姆（René Thom）发表的《结构稳定性和形态发生学》（*Structural Stability and Morphogenesis*）标志着突变理论的诞生，由英国数学家 Zeeman 在 20 世纪 70 年代进行新的拓展。突变理论是基于结构稳定性原理，结合拓扑学、奇点理论等研究不连续及跳跃性现象的数学理论。其表明任一种运动状态均有稳定与非稳定态的分别，当系统在遇到因素干扰时仍能够保持原本状态即为稳定态，反之脱离原本状态为非稳定态，稳定与非稳定形态处于相互交错形式存在。系统通过突变形式来进行从某一稳定状态向另一稳定状态转变的过程。

突变理论主要通过系统的势函数进行不连续现象探究。研究对象的势函数由外部控制变量 $U_n=\{u_1,u_2,\cdots,u_n\}$ 与内部状态变量 $X_n=\{x_1,x_2,x_3,\cdots,x_n\}$ 反映研究对象的运动轨迹，$V=f(U_n,X_n)$。在存在随机性的内外控制变量结合条件下，建立控制空间与状态空间。通过求解 $V'(x)$ 与 $V''(x)$ 得出研究系统平衡时的临界点，从而通过临界点间相互转换关系研究来解决系统突变问题。

这种突变、不连续现象通常可以利用一些几何形状来进行表示。托姆表示在四个因子控制下一维空间和三维空间中具有七种突变模型，分别是折叠形突变、尖点形突变、燕尾形突变、蝴蝶形突变、双曲脐点突变、椭圆脐点突变及抛物脐点突变。归一公式是以突变理论为基础，由突变模型的势函数及分叉集方程推导的基本运算公式。突变理论中虽有七种突变模型，但常用突变模型仅为其中的四种，这些突变模型及归一公式见表 5-1。

表 5-1 常用突变模型及归一公式

| 突变类型 | 控制变量 | 初等突变模型 | 分叉集 | 归一公式 |
|---|---|---|---|---|
| 折叠形突变 | 1 | $V(x)=x^3+u_1x$ | $u_1=-3x^2$ | $x_{u_1}=\sqrt{u_1}$ |
| 尖点形突变 | 2 | $V(x)=\frac{1}{4}x^4+\frac{1}{2}u_1x+u_2x$ | $u_1=-6x^2$，<br>$u_2=8x^3$ | $x_{u_1}=\sqrt{u_1}$，<br>$x_{u_2}=\sqrt[3]{u_2}$ |
| 燕尾形突变 | 3 | $V(x)=\frac{1}{5}x^5+\frac{1}{3}u_1x^4+\frac{1}{2}u_2x^3+u_3x$ | $u_1=-6x^2$，<br>$u_2=8x^3$<br>$u_3=-3x^4$ | $x_{u_1}=\sqrt{u_1}$，<br>$x_{u_2}=\sqrt[3]{u_2}$，<br>$x_{u_3}=\sqrt[4]{u_3}$ |
| 蝴蝶形突变 | 4 | $V(x)=\frac{1}{6}x^6+\frac{1}{4}u_1x^4+\frac{1}{3}u_2x^3+\frac{1}{2}u_3x^2+u_4x$ | $u_1=-10x^2$，<br>$u_2=20x^3$，<br>$u_3=-15x^4$，<br>$u_4=4x^5$ | $x_{u_1}=\sqrt{u_1}$，<br>$x_{u_2}=\sqrt[3]{u_2}$，<br>$x_{u_3}=\sqrt[4]{u_3}$，<br>$x_{u_4}=\sqrt[5]{u_4}$ |

突变理论是探究系统演化的数学理论，是分析和预测社会与自然界中突变现象及开展相应学科研究的理论基础，对其具有重要的支撑作用与应用价值。

#### 5.2.1.2 评价模型

基于突变级数评价模型是对区域进行系统评价的方法之一，主要构建步骤如下：

（1）评价指标重要性排序。在突变理论基础上进行决策的过程中，对应归一公式中考虑了各评价指标之间相对重要程度。对于不同的状态变量，其控制变量之间重要度也是不同的。一项状态指标的控制变量之间重要程度有可能很接近，而另一项状态指标相对有可能差距较大。归一公式由下至上递推运算时，其实质是基于公式本身考虑控制变量之间的重要程度，从而考虑最不利情况进行运算。因此，需要依据评价目的，对评价体系中准则层、指标层、因子层的各层指标间分别进行重要程度的排序。

（2）评价指标标准化。评价指标体系中指标之间的量纲、单位及数量级有所不同，直接将其用于计算会导致增大数值较大指标的影响程度，削弱数值较小指标的影响程度，这样会造成评价结果准确率下降。所以，在运用归一公式运算之前，需要将指标的原始数据转化成可比较的数值，其取值范围为［0，1］之内。极差变换法是较常用的指标无量纲化方法，具有指标正负均可计算、能够清晰区分正逆指标的方向等特点，故本书采用极差变换法进行指标标准化处理。其计算公式如下：

在评价指标矩阵 $X=(x_{ij})_{n\times m}$ 中，针对正向指标：

$$y_{ij}=\frac{x_{ij}-\min\limits_{1\leqslant i\leqslant n}x_{ij}}{\max\limits_{1\leqslant i\leqslant n}x_{ij}-\min\limits_{1\leqslant i\leqslant n}x_{ij}}，1\leqslant i\leqslant n，1\leqslant j\leqslant m \tag{5-1}$$

针对负向指标：

$$y_{ij}=\frac{\max\limits_{1\leqslant i\leqslant n}x_{ij}-x_{ij}}{\max\limits_{1\leqslant i\leqslant n}x_{ij}-\min\limits_{1\leqslant i\leqslant n}x_{ij}}，1\leqslant i\leqslant n，1\leqslant j\leqslant m \tag{5-2}$$

式中　$i$，$j$——评价矩阵中横纵坐标数；

$x_{ij}$——第 $i$ 行第 $j$ 列项指标数据；

$\min\limits_{1\leqslant i\leqslant n} x_{ij}$——第 $j$ 列中指标最小值；

$\max\limits_{1\leqslant i\leqslant n} x_{ij}$——第 $j$ 列中指标最大值；

$Y=(y_{ij})_{n\times m}$——经极差变换后得到的指标标准化矩阵，其取值范围在［0，1］之间。

(3) 归一公式运算。归一公式可计算出多个突变级数值，因而应根据控制变量之间是否起到相互关联的作用，选用“互补”或“非互补”原则确定突变隶属函数值。“非互补”原则是指当某一系统中多个指标间未有明显互相关联的作用，那么利用归一公式计算该系统状态变量时，就需要选择多个指标对应的突变级数值中最小值当作系统的状态变量，即“大中取小”原则。反之，当某个系统之中多个指标间存在显著互相联系作用时，则取多个指标对应突变级数值的平均值当作系统的状态变量，即需要遵循“互补”原则。

(4) 求解总突变隶属度值。基于多目标模糊决策及突变理论，运用归一公式计算各指标对应的突变级数值，并逐层由下至上递推计算，最终求得总突变隶属函数值。

### 5.2.2 基于熵权的模糊综合评价

基于模糊数学的模糊综合评价是一种利用模糊数学隶属度的原理，把某些界限不清晰、定性化的要素转化为定量处理，即运用精确的数学手段对某些受到诸多影响因素约束的对象进行综合评价的方法。模糊综合评价不仅能够对含有模糊性质的信息做出较为合理、科学、贴近实际情况的量化评价，且具有评价结果清晰、信息量丰富、准确性高的特点，可以更有效地解决模糊的、非确定性的以及难以量化的问题。

#### 5.2.2.1 理论基础

模糊指是否处于从属概念之间的界限不明显，外延不清晰。为解决在客观世界中存在的模糊问题，美国伯克利加利福尼亚大学教授 Zadeh 于 1965 年发表的《模糊集》中首次利用准确的数学方法来解释模糊概念，就此模糊数学得以诞生。模糊综合评价是在模糊数学的基础上提出的，是将多属性或以多种影响因素来决定总体优劣程度的事物作为评价对象，对其属性或影响因素加以综合并进行合理评判。其是基于最大隶属度原则、模糊线性变换原理以及模糊数学等相关理念，综合考虑影响评价对象的多个评价指标，并对其进行等级评价。它将隶属函数当作定性因素转变为定量因素的纽带，即将系统中某些模糊性质的因素予以量化，继而能够采用数学的方法进一步分析，其根本上就是模糊关系合成的应用，是从诸多影响指标对评价对象隶属等级情况的一种综合评价方法。模糊综合评价基本原理是将评价对象的指标集合与评价等级集合进行确定，再分别明确各个指标权重以及其隶属度矢量，从而得到模糊评判矩阵。最后将模糊判断矩阵和指标的权矢量进行模糊运算即得结果。由于评价结果并不是一个点值，而是以一个向量形式存在，其涵盖的信息量相对比较丰富，不仅可以准确描述评价对象具体情况，还对接下来的研究工作具有参考价值。

#### 5.2.2.2 权重赋值

对研究对象进行模糊综合评价过程中，指标权重的确定会大大影响最终的结果，权重大小的不同也会得到不一样的分析与结论，因此选择适用、客观、合理的权重赋值方法十分关键。指标权重表示某一指标在总体评价中的重要程度，用来反映干扰因素对研究对象的影响程度。目前国内外针对权重设定方法的研究有很多，大致上可以总结为客观赋权法与主观赋权法两类。主观赋权法主要是由行业专家的经验进行主观判断而得，现有比较矩阵法、层次分析法、德尔菲法等方法，这种方法历史悠久，较为成熟，但主观性相对较强，客观性较差；而客观赋值法客观性更强，是不依赖于人的主观判断方法，其数据来源于各个指标的实际数据，主要有相关度法、主成分分析法等。熵权法作为客观赋值中的方法之一，其基本思路是依据指标变异程度对客观权重进行确定。其是基于信息论原理，信息与熵分别作为系统有序和无序程序的标尺，当评价指标的熵值越小，则这项指标包含的信息量就越大，最终在综合评价中所占的比重就会越大，相对的权重数值也越高。熵权法相较于主观赋值方法，具有客观性强、精度高的优势，可以更好地描述所得评价结果。同时其具有良好的适应性，能够适用于任一权重确定的过程，还可与其他方法进行结合使用。因此，本书选用熵值法来确定评价过程中权重的数值。

#### 5.2.2.3 评价步骤

基于熵权的模糊综合评价具体步骤如下：

（1）建立评价对象的因素集。设 $U=\{u_1,u_2,\cdots,u_m\}$，即为评价对象的 $m$ 项评价指标。其中 $m$ 是评价指标的个数，由评价指标体系决定。

（2）确定评价对象的评判集。设 $V=\{v_1,v_2,\cdots,v_n\}$，其表示对被评对象可能得出不同评价结果所组成的评价等级集合。其中，每一等级均可对应一模糊子集。

（3）构建模糊关系矩阵 $\boldsymbol{R}$。单独以某一因素的角度进行评价，从而明确评价对象的因素集 $U$ 对其评判集 $V$ 的隶属度，即称作单因素模糊评价。建立模糊关系矩阵 $\boldsymbol{R}$ 后，就需要逐个对被评对象中的每个因素 $u_i(i=1,2,\cdots,m)$来进行归一化处理，从而得到模糊关系矩阵 $\boldsymbol{R}$ 为

$$\boldsymbol{R}=(r_{ij})_{m\times n}=\begin{bmatrix} r_{11} & r_{12} & \cdots & r_{1n} \\ r_{21} & r_{22} & \cdots & r_{2n} \\ \vdots & \vdots & \cdots & \vdots \\ r_{m1} & r_{m2} & \cdots & r_{mn} \end{bmatrix} \tag{5-3}$$

其中，$r_{ij}$ 是指因素集 $U$ 中第 $i$ 个因素 $u_i$ 所对应评判集 $V$ 中第 $j$ 个等级 $v_k$ 的隶属度，此中 $0\leqslant r_{ij}\leqslant 1(i=1,2,\cdots,m；j=1,2,\cdots,n)$。通常某一被评对象在任一因素 $u_i$ 的展现是由模糊矢量 $r_i=(r_{i1},r_{i2},\cdots,r_{in})$来体现的，其中 $r_i$ 被称作单因素评价矩阵，其可被看作是因素集 $U$ 与评判集 $V$ 间的某一模糊关系。

（4）评价因素权重的确定。由上文叙述选取熵权法来确定权重。首先需要定义熵，即在 $m$ 个评价指标 $n$ 个评价对象评估过程中，可以确定评价指标的熵为

$$h_i=-\frac{1}{\ln n}\Big(\sum_{i=1}^{n} f_{ij}\ln f_{ij}\Big)i=1,2,\cdots,m；j=1,2,\cdots,n \tag{5-4}$$

$$f_{ij}=\frac{r_{ij}}{\sum\limits_{i=1}^{n} r_{ij}} \tag{5-5}$$

特别地，当 $f_{ij}=0$ 时，$f_{ij}\ln f_{ij}=0$。但当 $f_{ij}=1$ 时，$\ln f_{ij}$ 也等于零，这有悖于实际

情况，故需对 $f_{ij}$ 加以修正，如下所示：

$$f_{ij}=\frac{1+r_{ij}}{\sum_{i=1}^{m}(1+r_{ij})} \tag{5-6}$$

然后在定义了第 $i$ 个指标的熵后，可计算该评价指标的熵权 $W_i$：

$$W_i=\frac{1-h_i}{\sum_{i=1}^{m}(1-h_i)}\left(0\leqslant w_i\leqslant 1,\sum_{i=1}^{m}W_i=1\right) \tag{5-7}$$

其中，若研究对象在某个评价指标上的数值相差较大，熵值相对较小，表明这项指标所提供有效信息量相对较大，而这项指标的权重数值也应呈较大态势；相反，当某一评价指标上数值相差较小，熵值相对较大，那么表明这项指标所提供的有效信息量相对较小，而其权重应呈较小态势。

(5) 模糊综合评价结果的计算。将模糊关系矩阵 $\boldsymbol{R}$ 与权向量 $W_i$ 进行合成，得到模糊综合评价模型即为

$$B=W_iR \tag{5-8}$$

其中 $$W_i=\{W_1,W_2,\cdots,W_m\}$$

### 5.2.3 评价标准

生态环境脆弱性评价标准是确定区域脆弱程度的衡量准则，所建立的评价标准是否合理直接影响区域生态环境脆弱性评价结果的准确性。不同生态脆弱区之间的驱动机制、影响因素以及生态环境条件不同，当针对某一区域脆弱生态环境进行评价时，就无法全面地考虑所有的影响因素。由于目前尚未有统一的评价标准与模式，且黄河下游湿地独特的生态环境造就了其内在结构与驱动因子的复杂性与不确定性，参考前人的研究设立分类等级标准以及研究区域生态环境的实际状况，本次将脆弱程度分为 4 个等级，具体评价分级标准见表 5-2。

表 5-2　　生态环境脆弱性评价标准

| 评价等级 | 评分标准 | 对应脆弱程度 | 评价等级 | 评分标准 | 对应脆弱程度 |
|---|---|---|---|---|---|
| Ⅰ | <0.35 | 轻度脆弱 | Ⅲ | 0.50～0.75 | 强度脆弱 |
| Ⅱ | 0.35～0.50 | 中度脆弱 | Ⅳ | >0.75 | 重度脆弱 |

## 5.3 黄河下游湿地生态环境脆弱性评价

### 5.3.1 数据来源

依照区域代表性原则，选取的数据主要来源于《山东省统计年鉴》《山东省水资源公报》《黄河泥沙公报》和中国气象科学数据共享服务网等资料。由于生态环境脆弱性评价涉及指标较多，数据量繁多，受数据采集、指标选取标准等方面的影响，剔除次要、重叠

及难以获取的指标，最终确定评价指标为年径流量、年均含沙量、人均水资源量、年均降水量、年均最大最小温差、日照百分率、平均相对湿度、植被覆盖率、盐碱地面积、人口密度、二氧化硫排放量、初中以上受教育人数、人均 GDP、恩格尔系数、第三产业所占比重以及农村居民纯收入这 16 项指标。

## 5.3.2 基于突变级数法的脆弱性评价

### 5.3.2.1 评价指标排序

参考相关文献，将各层次指标按其相对重要程度进行排序，排序结果为：首先在准则层中自然环境是湿地动态发展的主要因素，故自然环境影响因素＞人类活动干扰因素；在指标层中，黄河来水来沙作为黄河下游湿地生存与发展必要基础，相对水沙状况与植被土壤因素更为重要，而植被土壤是维持湿地生态平衡的重要条件，故重要性排序为水沙状况＞植被土壤＞气象条件，而在人类活动干扰因素中排序为社会活动因素＞经济发展状况；在子指标层中其重要性排序为年径流量＞年均含沙量＞人均水资源量、年均降水量＞年均最大最小温差＞日照百分率＞平均相对湿度、植被覆盖率＞盐碱地面积、人口密度＞二氧化硫排放量＞恩格尔系数＞初中以上受教育人数、人均 GDP＞第三产业所占比重＞农村居民纯收入。

### 5.3.2.2 评价指标标准化

根据极差变换法相关原理，将评价指标分为数值越大越优的正向指标与数值越小越劣的负向指标两类。其中，年径流量、年均含沙量、人均水资源量、年均降水量、日照百分率、平均相对湿度、植被覆盖率、初中以上受教育人数、人均 GDP、第三产业所占比重、农村居民纯收入这些指标的数值越大越有利于湿地的良性发展，故为正向指标；而年均最大最小温差、盐碱地面积、恩格尔系数、人口密度、二氧化硫排放量指标数值的增大易导致湿地自然资源消耗加快、生态系统平衡遭到破坏等问题的产生，故为负向指标。通过无量纲化处理，即可得出黄河下游湿地生态环境脆弱性评价指标标准化结果。

### 5.3.2.3 综合评价

根据评价指标体系中各层指标数目选择突变模型并由下至上依次进行归一运算，求出各指标对应的突变级数值及总突变函数值。由于运用归一公式计算可得出若干个突变级数值，根据“互补”或“非互补”原则将指标分为互补型及非互补型指标来区分指标之间是否存在显著关联性，其中自然环境影响因素与人类活动干扰因素为非互补型指标，其他指标均设为互补型指标。突变模型的选取是根据评价指标体系中子指标数目来确定的，本书中采用尖点突变模型的有准则层、人类活动干扰因素下的指标层及植被土壤下的因子层；采用燕尾突变模型的是自然环境影响因素中下的指标层，以及水沙状况、经济发展状况下的因子层；采用蝴蝶突变模型的为气象条件及社会活动因素下的因子层。

以 1983 年数据为例，来说明各层指标归一运算过程，如下所示：

由年均径流量（$a_1$）、年均含沙量（$a_2$）、人均水资源量（$a_3$）构成燕尾突变模型，按互补原则应取其平均值，则有 $x_A=(x_{a_1}^{1/2}+x_{a_2}^{1/3}+x_{a_3}^{1/4})/3=(1^{1/2}+0.805^{1/3}+1^{1/4})/3=0.935$。

由植被覆盖率（$b_1$）、盐碱地面积（$b_2$）构成尖点突变模型，按互补原则应取其平均值，则有 $x_B=(x_{b_1}^{1/2}+x_{b_2}^{1/3})/2=(0^{1/2}+1^{1/3})/2=0.50$。

由年均降水量（$c_1$）、年均最大最小温差（$c_2$）、日照百分率（$c_3$）、平均相对湿度（$c_4$）构成蝴蝶突变模型，按互补原则应取其平均值，则有 $x_C=(x_{c_1}^{1/2}+x_{c_2}^{1/3}+x_{c_3}^{1/4}+x_{c_4}^{1/5})/4=(0.208^{1/2}+0^{1/3}+0.25^{1/4}+0.467^{1/5})/4=0.231$。

由人口密度（$d_1$）、二氧化硫排放量（$d_2$）、恩格尔系数（$d_3$）、初中以上受教育人数（$d_4$）构成蝴蝶突变模型，按互补原则应取其平均值，则有 $x_D=(x_{d_1}^{1/2}+x_{d_2}^{1/3}+x_{d_3}^{1/4}+x_{d_4}^{1/5})/4=(0.972^{1/2}+1^{1/3}+0^{1/4}+0^{1/5})/4=0.493$。

由人均 GDP（$e_1$）、第三产业所占比重（$e_2$）、农村居民纯收入（$e_3$）构成燕尾突变模型，按互补原则取其平均值，有 $x_E=(x_{e_1}^{1/2}+x_{e_2}^{1/3}+x_{e_3}^{1/4})/3=(0^{1/2}+0.0538^{1/3}+0^{1/4})/3=0.0179$。

由水沙状况（$A$）、植被土壤（$B$）、气象条件（$C$）构成构成燕尾突变模型，按互补原则应取其平均值，则有 $x_M=(x_A^{1/2}+x_B^{1/3}+x_C^{1/4})/3=(0.935^{1/2}+0.5^{1/3}+0.231^{1/4})/3=0.818$。

由社会活动因素（$C$）与经济发展状况（$D$）构成尖点突变模型，按互补原则应取其平均值，则有 $X_N=(x_C^{1/2}+x_D^{1/3})/2=(0.493^{1/2}+0.0179^{1/3})/2=0.482$。

由自然环境影响因素（$M$）与人类活动干扰因素（$N$）构成尖点突变模型，按非互补原则应取其最小值，则有 $x_{总}=\min\{0.818^{1/2}, 0.482^{1/3}\}=0.784$。

同理可以计算出 1984—2015 年黄河下游湿地生态环境脆弱性评价值。具体计算结果见表 5-3。

**表 5-3　基于突变级数法的脆弱性评价结果**

| 年份 | 脆弱性评价值 | 年份 | 脆弱性评价值 |
|---|---|---|---|
| 1983 | 0.784 | 2000 | 0.800 |
| 1984 | 0.807 | 2001 | 0.798 |
| 1985 | 0.835 | 2002 | 0.812 |
| 1986 | 0.849 | 2003 | 0.872 |
| 1987 | 0.845 | 2004 | 0.861 |
| 1988 | 0.823 | 2005 | 0.846 |
| 1989 | 0.822 | 2006 | 0.843 |
| 1990 | 0.819 | 2007 | 0.857 |
| 1991 | 0.799 | 2008 | 0.827 |
| 1992 | 0.826 | 2009 | 0.789 |
| 1993 | 0.840 | 2010 | 0.822 |
| 1994 | 0.842 | 2011 | 0.836 |
| 1995 | 0.835 | 2012 | 0.856 |
| 1996 | 0.852 | 2013 | 0.855 |
| 1997 | 0.798 | 2014 | 0.795 |
| 1998 | 0.850 | 2015 | 0.841 |
| 1999 | 0.830 | | |

在传统综合评价中，子指标层其隶属度是相对于指标的评判集，通常“优”“劣”判定是在绝对意义下的含义。也就是说，不论运用哪种评价方法进行评价，其最终所求的是综合评价值的绝对“优”“劣”的含义，这样评价结果才能在同一标准下被研究分析，更加具有科学性、合理性，符合惯用思维模式。但基于突变级数法的评价并非如此，由于其归一公式的特点，在一般情况下计算出的评价值相对较高，且数值之间存在的差距较小，与通常情况下由评价值来直观判断研究对象的“优”“劣”不同，易使研究者产生误解。根据表 5－2 与表 5－3 以及参考其他学者所建立的评价指标对应转换关系表，最终得出黄河下游湿地生态环境脆弱性评价值。

### 5.3.3 基于熵权模糊综合评价模型的脆弱性评价

根据上述原理及评价步骤对黄河下游湿地进行基于熵权的模糊综合评价。根据选取的1983—2015 年共 16 项评价指标基础数据建立评价对象因素集 $U_{33\times16}$，并对其进行归一化处理。采用熵权法确定评价因素的权重系数，见表 5－4。最后根据模糊评价计算式求得黄河下游湿地生态环境脆弱性评价结果，见表 5－5。

表 5－4　　指标权重值

| 总指标层 | 分目标层 | | 准则层 | | 指标层 | |
|---|---|---|---|---|---|---|
| | 指标 | 权重 | 指标 | 权重 | 指标 | 权重 |
| 黄河下游湿地生态环境脆弱性评价 | 自然环境影响因素 | 0.562 | 气象条件 | 0.201 | 年均降水量 | 0.052 |
| | | | | | 年均最大最小温差 | 0.049 |
| | | | 水沙状况 | 0.175 | 平均相对湿度 | 0.033 |
| | | | | | 日照百分率 | 0.066 |
| | | | | | 年径流量 | 0.043 |
| | | | | | 年均含沙量 | 0.072 |
| | | | | | 人均水资源量 | 0.060 |
| | | | 植被土壤 | 0.186 | 植被覆盖率 | 0.111 |
| | | | | | 盐碱地面积 | 0.074 |
| | | | | | 恩格尔系数 | 0.059 |
| | 人类活动干扰因素 | 0.438 | 社会活动因素 | 0.185 | 人口密度 | 0.017 |
| | | | | | 二氧化硫排放量 | 0.056 |
| | | | | | 初中以上受教育人数 | 0.053 |
| | | | 经济发展状况 | 0.254 | 人均 GDP | 0.103 |
| | | | | | 第三产业所占比重 | 0.067 |
| | | | | | 农村居民纯收入 | 0.084 |

### 5.3.4 评价结果对比分析

由突变级数法及基于熵权的模糊综合评价进行黄河下游湿地生态环境脆弱性评价，具体计算结果见表5-5。

表5-5 黄河下游湿地生态脆弱性评价值

| 年份 | 突变级数法评价结果 | | 基于熵权的模糊综合评价结果 | |
|---|---|---|---|---|
| | 评价值 | 脆弱性评价等级 | 评价值 | 脆弱性评价等级 |
| 1983 | 0.432 | Ⅱ | 0.394 | Ⅱ |
| 1984 | 0.486 | Ⅱ | 0.407 | Ⅱ |
| 1985 | 0.465 | Ⅱ | 0.441 | Ⅱ |
| 1986 | 0.429 | Ⅱ | 0.396 | Ⅱ |
| 1987 | 0.398 | Ⅱ | 0.377 | Ⅱ |
| 1988 | 0.435 | Ⅱ | 0.39 | Ⅱ |
| 1989 | 0.415 | Ⅱ | 0.397 | Ⅱ |
| 1990 | 0.448 | Ⅱ | 0.416 | Ⅱ |
| 1991 | 0.395 | Ⅱ | 0.316 | Ⅰ |
| 1992 | 0.344 | Ⅰ | 0.315 | Ⅰ |
| 1993 | 0.365 | Ⅱ | 0.358 | Ⅱ |
| 1994 | 0.396 | Ⅱ | 0.404 | Ⅱ |
| 1995 | 0.428 | Ⅱ | 0.389 | Ⅱ |
| 1996 | 0.436 | Ⅱ | 0.365 | Ⅱ |
| 1997 | 0.356 | Ⅱ | 0.324 | Ⅰ |
| 1998 | 0.386 | Ⅱ | 0.354 | Ⅱ |
| 1999 | 0.321 | Ⅰ | 0.333 | Ⅰ |
| 2000 | 0.432 | Ⅱ | 0.376 | Ⅱ |
| 2001 | 0.417 | Ⅱ | 0.351 | Ⅱ |
| 2002 | 0.438 | Ⅱ | 0.393 | Ⅱ |
| 2003 | 0.471 | Ⅱ | 0.464 | Ⅱ |
| 2004 | 0.468 | Ⅱ | 0.451 | Ⅱ |
| 2005 | 0.498 | Ⅱ | 0.446 | Ⅱ |
| 2006 | 0.424 | Ⅱ | 0.397 | Ⅱ |
| 2007 | 0.546 | Ⅲ | 0.434 | Ⅱ |
| 2008 | 0.465 | Ⅱ | 0.435 | Ⅱ |
| 2009 | 0.497 | Ⅱ | 0.454 | Ⅱ |
| 2010 | 0.513 | Ⅲ | 0.487 | Ⅱ |
| 2011 | 0.56 | Ⅲ | 0.537 | Ⅲ |
| 2012 | 0.631 | Ⅲ | 0.566 | Ⅲ |
| 2013 | 0.598 | Ⅲ | 0.61 | Ⅲ |
| 2014 | 0.577 | Ⅲ | 0.603 | Ⅲ |
| 2015 | 0.653 | Ⅲ | 0.669 | Ⅲ |

由表 5 - 5 可以看出，利用突变级数法以及基于熵权的模糊综合评价分析黄河下游湿地生态环境脆弱程度，研究结果表明 1983—2010 年黄河下游湿地生态环境大部分属于中度脆弱，但随着社会经济的发展以及人口增长，2011 年以来黄河下游湿地生态环境处于强度脆弱状态。两种评价方法所得结果在 1991 年、1997 年、2007 年、2010 年中有所不同，由突变级数法评价结果表示湿地生态环境在 1991 年与 1997 年为中度脆弱，在 2007 年与 2010 年为强度脆弱，而根据模糊综合评价则表明湿地生态环境在 1991 年与 1997 年为轻度脆弱，在 2007 年与 2010 年为中度脆弱。造成这种情况的原因可能是由于两种方法在评价指标重要性确定上存在差异，从而导致部分重要信息的丢失。除这四年外两种评价方法计算结果基本一致，可以认为评价结果具有一定程度的准确性。

### 5.3.5 脆弱性评价数值分析

将两种评价模型计算得出的黄河下游湿地生态环境脆弱性评价值由小到大进行排列并累加，得出脆弱性评价累加值曲线。生态环境脆弱性累加曲线根据斜率不同能够分成几段不同区域，基于生态环境脆弱性指标数据所涵盖的内在信息及脆弱性评价值与累加值变化，可将生态环境脆弱性进行分级，如图 5 - 1 所示。

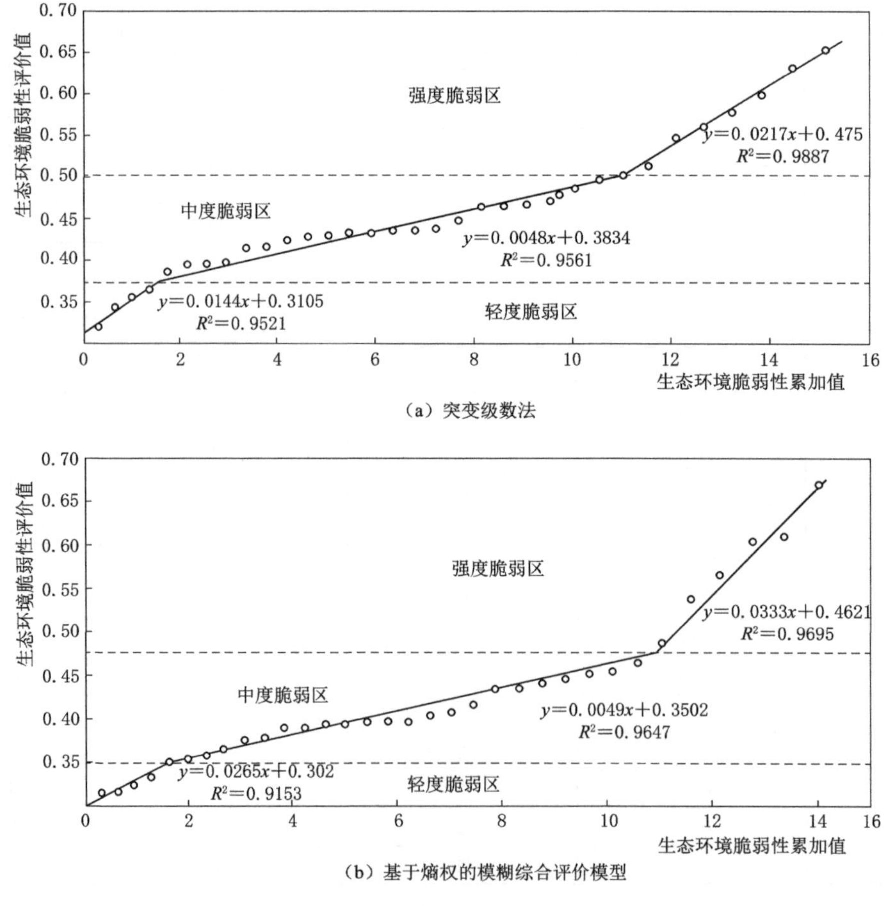


图 5 - 1 脆弱性累加曲线图

由图 5－2 可知，采用突变级数法所得脆弱性累加曲线按斜率的不同，将脆弱性分为轻度脆弱、中度脆弱及强度脆弱三个等级，其阈值分别为 0.372、0.514；而采用模糊综合评价模型所得脆弱性累加曲线按斜率不同同样分为轻度脆弱、中度脆弱及强度脆弱三个等级，其阈值分别为 0.353、0.478，这两种方法所分等级标准与前文基本一致，由此可见前文所确定的生态环境脆弱性分级是合理的。

# 6 湿地生态环境脆弱性驱动特性分析

生态环境脆弱性驱动特性分析是长期以来研究者关注的热点问题之一。其能够分析生态系统由内外干扰活动影响而产生变化的成因及影响程度，是识别导致区域生态环境脆弱化驱动力、明晰驱动力之间的关系与本质属性及进行脆弱性演变动态分析的前提基础，同时也为制定应对脆弱生态环境变化的相关政策法规提供依据。

## 6.1 主成分分析

主成分分析（Principal Component Analysis，PCA）法能够有效消除由于初始指标之间相关性而对评价结果产生信息重复的影响，提取数量较少、互不相关且能反映原有系统信息量的指标来进行相关研究，是一种更直观、更简便、更准确地研究系统驱动特性的多元统计分析法。因此采用此法进行黄河下游湿地生态环境脆弱性驱动特性的分析。

### 6.1.1 概念与特点

对系统进行研究时，影响研究对象的特征与其变化规律是多方面的，不能从单一因素的角度去评价，而是需要考虑多方面因素的影响，即引用多个与研究对象相关的指标进行综合分析。然而，虽然大量指标样本为研究提供了多层面、有价值的信息，但在多数情况下各指标之间会存在一定的相关性，这就使得研究结果反映对象的信息有所重叠。为避免这种状况发生及减轻大样本计算工作量，主成分分析就此而产生。主成分分析是 1990 年 Karl Pearson 针对非随机变量引入，而后在 1993 年由 Hotelling 推广至随机变量的情况。其主要是将原有全部指标中关联度紧密的指标去除，提取两两不相关、数量少且能保持原有指标提供的信息的关键指标，来反映系统评价的信息。主成分分析具有降低多变量数据维数、减少指标处理的工作量以及克服传统评价方法中权数确定的缺陷等优点，在综合评价、数理分析、分子动力学模拟、信号处理等方面均有广泛的应用。

### 6.1.2 基本原理

主成分分析是一种将高维空间问题转变为低维空间中去处理的统计方法，其是利用正交变换将原与其分量相关的随机变量转换为与其分量不关联的新随机变量，这种转化在代数角度上来看是原随机向量协方差阵向对角形阵的转换，而在几何角度上来看是原坐标系向新正交坐标系的变换，这使得指向样本点向 $p$ 个方向散布，继而将多维变量系统做降维处理，使之能够从相对较高精度向低维系统转换的过程。根据特征提取相关观点，主成分分析等同于以最小均方误差为基础的提取方法。

主成分分析是为进行多准则综合评价问题研究而引入的，提取的指标应满足三大要求：新构建指标系统能涵盖原指标系统反映研究对象的各种信息；新系统中各指标信息不重叠且具有不同程度的重要性；新指标数目小于原有指标数目。

设 $F_1$ 为原系统中首个线性组合产生的主成分指标，即为 $F_1=a_{11}x_1+a_{21}x_2+\cdots+a_{p1}x_p$。基于数学理论可知，任一主成分提取的信息量均可用其方差度量，$F_1$ 中包含的信息越多，就代表其方差越大。当第一主成分 $F_1$ 涵盖的信息量最大时，该方差应是在 $x_1,x_2,\cdots,x_p$ 这些所有线性组合中最大的，因此 $F_1$ 被称为第一主成分。若提取的第一主成分不能够代表原有指标系统的信息，那么就考虑继续选取第二主成分 $F_2$ 来反映原有信息，这时 $F_2$ 中所拥有的信息就不会包含 $F_1$ 中的信息，即 $F_1$ 同 $F_2$ 之间不相关，以数学角度来看即为其协方差 $Cov(F_1,F_2)=0$。因此，$F_2$ 是与 $F_1$ 无相关性且其方差是在 $x_1,x_2,\cdots,x_p$ 的所有线性组合中最大的，则 $F_2$ 为第二主成分。按上述以此类推就可以得出 $F_1,F_2,\cdots,F_m$ 是原指标 $x_1,x_2,\cdots,x_p$ 的第 $1,2,\cdots,m$ 个主成分，即为

$$\begin{cases} F_1=a_{11}x_1+a_{12}x_2+\cdots+a_{1p}x_p \\ F_2=a_{21}x_1+a_{22}x_2+\cdots+a_{2p}x_p \\ \qquad\vdots \\ F_m=a_{m1}x_1+a_{m2}x_2+\cdots+a_{mp}x_p \end{cases} \tag{6-1}$$

根据上述分析可以得出：①$F_i$ 与 $F_j$ 之间呈不相关，即为 $Cov(F_i,F_j)=0$；②$F_m$ 是与 $F_1,F_2,\cdots,F_{m-1}$ 均不相关 $x_1,x_2,\cdots,x_p$ 的所有线性组合中方差值最大的；③由原变量指标的第 $1,2,\cdots,m$ 个主成分 $F_1,F_2,\cdots,F_m(m\leqslant p)$ 构建新指标系统来反映原有变量所涵盖的全部信息。由此可见，主成分分析要满足要求就需要确定原变量指标 $x_j(1,2,\cdots,j)$ 在各主成分 $F_i$ 上的载荷 $H_{ij}$，其中 $i=1,2,\cdots,m$；$j=1,2,\cdots,p$。基于数学理论来看，原有变量中的协方差矩阵的特征根就是主成分的方差，故前 $m$ 个数值较大的特征根就表示前 $m$ 个主成分方差。而原有变量协方差矩阵中前 $m$ 个数值较大的特征值 $\lambda_i$ 相应的特征向量即为主成分 $F_i$ 上原变量的载荷 $H_{ij}$。

### 6.1.3 计算步骤

主成分分析基本计算步骤如下：

（1）设观测样本数据矩阵为

$$X=\begin{pmatrix} x_{11} & x_{12} & \cdots & x_{1p} \\ x_{21} & x_{22} & \cdots & x_{2p} \\ \vdots & \vdots & \cdots & \vdots \\ x_{n1} & x_{n2} & \cdots & x_{np} \end{pmatrix}$$

式中　$x_{ij}$——第 $i$ 年的第 $j$ 项指标。

（2）将样本数据进行标准化处理，如下式所示：

$$x_{ij}^{*}=\frac{x_{ij}-\frac{1}{n}\sum_{i=1}^{n}x_{ij}}{\sqrt{\frac{1}{n-1}\sum_{i=1}^{n}(x_{ij}-\bar{x}_j)^2}},i=1,2,\cdots,n;\ j=1,2,\cdots,p \tag{6-2}$$

(3) 计算样本相关系数矩阵 $R=(r_{ij})_{p\times p}$。数据经标准化处理后的相关系数为

$$r_{ij}=\frac{\sum_{t=1}^{n}x_{ti}x_{tj}}{n-1},i,j=1,2,\cdots,p \tag{6-3}$$

(4) 根据解样本的特征方程 $|\lambda E-R|=0$ 求出特征值 $\lambda_i$，其中 $i=1,2,\cdots,p$。将 $p$ 个特征值按从大到小顺序进行排列，即 $\lambda_1\geqslant\lambda_2\geqslant\cdots\geqslant\lambda_p\geqslant0$。然后按公式 $|\lambda_i E-R|e_i=0$ 将 $\lambda_i$ 的特征向量 $\boldsymbol{e}_i$ 求出，其中 $i=1,2,\cdots,p$。

(5) 求解贡献率与累计贡献率。虽然通过主成分分析能够求出 $p$ 个主成分，但各主成分的信息量及方差呈递减趋势，故在具体分析时仅考虑各主成分累计贡献率，其中贡献率表示某一主成分其方差在所有方差中的比值，贡献率的大小决定该主成分蕴含原始指标信息的程度。贡献率及累计贡献率的计算公式如下：

贡献率：

$$Q_i=\frac{\lambda_i}{\sum_{t=1}^{p}\lambda_t},i,t=1,2,\cdots,p \tag{6-4}$$

前 $m$ 个主成分累计贡献率：

$$Q=\frac{\sum_{t=1}^{m}\lambda_t}{\sum_{t=1}^{p}\lambda_t},t=1,2,\cdots,p \tag{6-5}$$

式中，$m$ 值的选取主要依靠主成分累计贡献率的大小来决定，通常前 $m$ 个主成分累计贡献率在 80%以上时取其为新变量。

(6) 计算主成分载荷。因子载荷表示原始数据与主成分的相关系数，具体计算公式如下：

$$H_{ij}=\sqrt{\lambda_i e_{ij}},i,j=1,2,\cdots,p \tag{6-6}$$

(7) 确定主成分得分。按上述步骤分别计算，最终得到主成分得分矩阵 $Y=(F_{ij})_{m\times p}$，其中 $i=1,2,\cdots,m$；$j=1,2,\cdots,p$。

SPSS (Statistical Product and Service Solutions) 软件是集数据输入、整理与分析于一身的统计软件，其提供从统计描述到多因素统计分析如秩相关、方差分析、多元回归、聚类分析、判别分析等方法，具有分析结果直观、操作简单、功能强大等特点，能够简化主成分分析复杂的计算步骤，因此，本书采用 SPSS 软件来进行主成分的计算与分析。

## 6.2 脆弱性驱动特性分析

选取 1983—2015 年共 16 项指标的基础数据，借助数学统计软件 SPSS19.0，采用软件中主成分分析模块，对研究样本的生态环境脆弱性数据库进行运算，寻求影响黄河下游湿地生态脆弱性的主要驱动力。

### 6.2.1 驱动因子的提取

将数据进行无量纲化处理，利用标准化后数据进行 SPSS 19.0 软件运算，得到相关系数矩阵 $\boldsymbol{R}$，见表 6－1。

表 6－1　　相关系数矩阵

| 指　标 | 年均降水量 | 年均最大最小温差 | 平均相对湿度 | 日照百分率 | 年径流量 | 年均含沙量 | 人均水资源量 | 植被覆盖率 |
|---|---|---|---|---|---|---|---|---|
| 年均降水量 | 1 | －0.264 | 0.091 | －0.152 | 0.111 | －0.001 | －0.159 | －0.131 |
| 年均最大最小温差 | －0.264 | 1 | 0.111 | 0.690 | 0.274 | 0.442 | 0.658 | 0.574 |
| 平均相对湿度 | 0.091 | 0.111 | 1 | 0.117 | 0.109 | 0.215 | 0.387 | 0.314 |
| 日照百分率 | －0.152 | 0.690 | 0.117 | 1 | 0.143 | 0.463 | 0.581 | 0.595 |
| 年径流量 | 0.111 | 0.274 | 0.109 | 0.143 | 1 | 0.584 | 0.457 | 0.375 |
| 年均含沙量 | －0.001 | 0.442 | 0.215 | 0.463 | 0.584 | 1 | 0.750 | 0.758 |
| 人均水资源量 | －0.159 | 0.658 | 0.387 | 0.581 | 0.457 | 0.750 | 1 | 0.941 |
| 植被覆盖率 | －0.131 | 0.574 | 0.314 | 0.595 | 0.375 | 0.758 | 0.941 | 1 |
| 盐碱地面积 | 0.121 | －0.628 | －0.331 | －0.617 | －0.443 | －0.771 | －0.949 | －0.992 |
| 恩格尔系数 | －0.051 | 0.685 | 0.355 | 0.547 | 0.442 | 0.749 | 0.912 | 0.914 |
| 人口密度 | －0.086 | －0.123 | －0.137 | －0.355 | 0.014 | －0.340 | －0.456 | －0.488 |
| 二氧化硫排放量 | 0.313 | －0.721 | －0.563 | －0.549 | －0.372 | －0.574 | －0.787 | －0.691 |
| 初中以上受教育人数 | －0.045 | －0.138 | －0.079 | 0.004 | －0.306 | －0.607 | －0.362 | －0.436 |
| 人均 GDP | 0.051 | －0.288 | －0.165 | －0.430 | －0.074 | －0.627 | －0.759 | －0.892 |
| 第三产业所占比重 | 0.064 | －0.303 | －0.113 | －0.391 | －0.164 | －0.637 | －0.761 | －0.886 |
| 农村居民纯收入 | 0.043 | －0.269 | －0.093 | －0.376 | －0.113 | －0.617 | －0.734 | －0.879 |
| 年均降水量 | 0.121 | －0.051 | －0.086 | 0.313 | －0.045 | 0.051 | 0.064 | 0.043 |
| 年均最大最小温差 | －0.628 | 0.685 | －0.123 | －0.721 | －0.138 | －0.288 | －0.303 | －0.269 |
| 平均相对湿度 | －0.331 | 0.355 | －0.137 | －0.563 | －0.079 | －0.165 | －0.113 | －0.093 |
| 日照百分率 | －0.617 | 0.547 | －0.355 | －0.549 | 0.004 | －0.430 | －0.391 | －0.376 |
| 年径流量 | －0.443 | 0.442 | 0.014 | －0.372 | －0.306 | －0.074 | －0.164 | －0.113 |
| 年均含沙量 | －0.771 | 0.749 | －0.340 | －0.574 | －0.607 | －0.627 | －0.637 | －0.617 |
| 人均水资源量 | －0.949 | 0.912 | －0.456 | －0.787 | －0.362 | －0.759 | －0.761 | －0.734 |
| 植被覆盖率 | －0.992 | 0.914 | －0.488 | －0.691 | －0.436 | －0.892 | －0.886 | －0.879 |
| 盐碱地面积 | 1 | －0.933 | 0.454 | 0.736 | 0.429 | 0.834 | 0.841 | 0.825 |
| 恩格尔系数 | －0.933 | 1 | －0.472 | －0.753 | －0.461 | －0.720 | －0.711 | －0.710 |
| 人口密度 | 0.454 | －0.472 | 1 | 0.365 | 0.135 | 0.509 | 0.384 | 0.456 |
| 二氧化硫排放量 | 0.736 | －0.753 | 0.365 | 1 | 0.220 | 0.371 | 0.347 | 0.326 |
| 初中以上受教育人数 | 0.429 | －0.461 | 0.135 | 0.220 | 1 | 0.459 | 0.500 | 0.485 |
| 人均 GDP | 0.834 | －0.720 | 0.509 | 0.371 | 0.459 | 1 | 0.967 | 0.987 |
| 第三产业所占比重 | 0.841 | －0.711 | 0.384 | 0.347 | 0.500 | 0.967 | 1 | 0.979 |
| 农村居民纯收入 | 0.825 | －0.710 | 0.456 | 0.326 | 0.485 | 0.987 | 0.979 | 1 |

根据表 6-1 相关系数矩阵可以看出，年均降水量同年均最大最小温差、日照百分率、植被覆盖率等存在显著关系；年均含沙量与人均水资源量、盐碱地面积、植被覆盖率等存在显著关系；盐碱地面积与人均水资源量、年均含沙量、植被覆盖率、恩格尔系数等存在显著关系；而人均 GDP 与农村居民纯收入、第三产业比重存在极其显著关系，与恩格尔系数、植被覆盖率及盐碱地面积等存在显著关系等。由此看来，多数指标之间存在直接且较强的相关性，说明指标之间存在信息上的重叠，因此需要对其进行分析，提取影响湿地生态环境脆弱的驱动因子。

选取主成分的原则是其所对应的特征值数值大于 1 的前 $m$ 个主成分，特征值也是常被用来描述主成分影响程度的大小，若某一主成分所对应的特征值数值小于 1，那么说明这一主成分描述原信息量力度不如原指标变量的平均描述力度大，因此将特征值数值大于 1 作为标准来确定主成分。通过运算得出主成分的特征值、贡献率及累计贡献率数值，进而对主成分进行提取与分析，如图 6-1 所示。

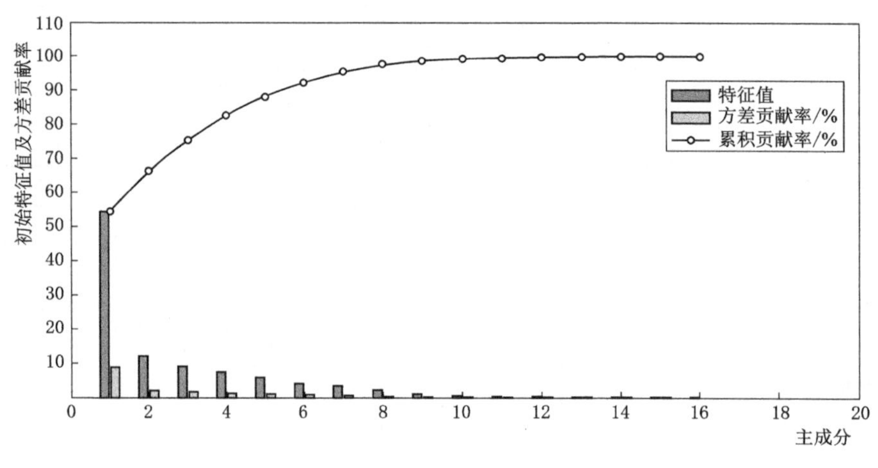


图 6-1　主成分分析图

方差贡献率表示各指标相对重要性，其大小标志了主成分的重要程度，在 6.1.3 节中提到当前 $m$ 个主成分累积贡献率达到 80%时，即认为可涵盖有效信息。由图 6-1 可以看出，前 4 个主成分的累计贡献率已超过 80%，因此提取前 4 个主成分作为研究黄河下游湿地脆弱生态环境的主要驱动成分，其特征值、方差贡献率及累计贡献率数值见表 6-2。

**表 6-2　　方差分解主成分提取分析表**

| 主成分 | 初始特征值 | | |
|---|---|---|---|
| | 特征值 | 方差贡献率/% | 累积贡献率/% |
| 1 | 8.684 | 54.274 | 54.274 |
| 2 | 1.917 | 11.980 | 66.254 |
| 3 | 1.434 | 8.964 | 75.218 |
| 4 | 1.158 | 7.240 | 82.457 |

由表 6－2 得出，提取的主成分 1～4 能够描述原信息能力分别是 54.274%、11.980%、8.964%、7.240%，前 4 个主成分累计贡献率为 82.457%，即表明这 4 个主成分能够反映原指标 82.457%的信息，故认为这 4 个主成分是造成黄河下游湿地生态环境脆弱的主要影响因素。而公因子载荷值越大，意味着公因子和原指标变量间相关性越大，公因子涵盖原指标信息量就越多，因此通过运算得出黄河下游湿地生态环境脆弱性 16 项指标 4 个公因子具体的载荷矩阵见表 6－3。

表 6－3　各指标载荷矩阵

| 指　标 | 主　成　分 | | | |
|---|---|---|---|---|
| | 1 | 2 | 3 | 4 |
| 年均降水量 | －0.121 | －0.340 | 0.496 | 0.486 |
| 年均最大最小温差 | 0.628 | 0.577 | －0.154 | －0.232 |
| 平均相对湿度 | 0.330 | 0.306 | 0.636 | 0.278 |
| 日照百分率 | 0.623 | 0.363 | －0.353 | －0.006 |
| 年径流量 | 0.908 | 0.261 | 0.705 | －0.241 |
| 年均含沙量 | 0.819 | －0.021 | 0.347 | －0.148 |
| 人均水资源量 | 0.956 | 0.140 | 0.010 | 0.036 |
| 植被覆盖率 | 0.687 | －0.760 | －0.557 | 0.007 |
| 盐碱地面积 | －0.787 | －0.629 | 0.001 | 0.007 |
| 恩格尔系数 | 0.439 | 0.111 | 0.088 | 0.044 |
| 人口密度 | －0.507 | 0.182 | 0.243 | －0.469 |
| 二氧化硫排放量 | －0.640 | －0.471 | －0.015 | －0.350 |
| 初中以上受教育人数 | －0.496 | 0.358 | －0.257 | 0.468 |
| 人均 GDP | －0.854 | 0.352 | 0.205 | －0.033 |
| 第三产业所占比重 | －0.547 | 0.450 | 0.128 | 0.092 |
| 农村居民纯收入 | －0.636 | 0.494 | 0.167 | 0.044 |

根据黄河下游湿地 16 项指标 4 个公因子其载荷矩阵计算结果可以得出，水沙状况驱动力、植被土壤驱动力、气象条件驱动力、社会发展水平驱动力即为黄河下游湿地生态环境脆弱性主要驱动力。

### 6.2.2　驱动因子相关性分析

在主成分分析基础上寻找出致使黄河下游湿地生态环境脆弱化的 4 个主要驱动力，并通过对 4 个驱动力公因子与湿地生态环境脆弱性之间进行相关性分析，以此来探究影响黄河下游湿地生态脆弱化的驱动力。

根据运算结果可以看出，第一公因子其特征值为 8.684，方差贡献率为 54.274%，其中年均含沙量、年径流量、人均水资源量、盐碱地面积、人均 GDP 这五项指标在第一公因子中均有较高载荷，即相关性较高。五项指标主要用于描述水沙状况或与水沙状况相关的指标，故第一公因子是从水沙状况方面来综合描述湿地生态环境脆弱性，且由于第一公因子贡献率占全部主成分的 1/2 以上，说明水沙状况驱动力是导致黄河下游湿地生态环境脆弱性的首要驱动力。黄河来水来沙是黄河下游湿地生存与发展的基础，1986 年以来，黄河口来水来沙量呈减少趋势，加之水沙间搭配的关系恶化，水沙过程产生显著变异，其使湿地生物与植被生存环境逐步恶化、淡水量减少、加快了下游海岸因侵蚀后退的速度等问题产生，对湿地生态环境造成巨大影响。

第二公因子特征值为 1.917，其贡献率为 11.980%。年均最大最小温差、植被覆盖率、盐碱地面积在这一公因子中均保有较高载荷。这三项指标主要与植被土壤状况相关，故植被土壤资源是影响黄河下游生态环境脆弱化的第二驱动力。湿地植被土壤状况恶化会造成降低土壤肥力、切断动物食物来源等问题，危及湿地生态环境的生存与发展。

第三公因子特征值为 1.434，其贡献率为 8.964%。这其中年均降水量、日照百分率、平均相对湿度、年径流量、植被覆盖率比重具有较高的相关性。这五项指标是主要用于反映水文气象的相关指标，因此气象条件是导致黄河下游湿地生态环境脆弱化的第三驱动力。湿地特殊的气象是净化污染、调蓄洪水、调节气候的重要条件，其变化会造成生物多样性、作物生长、植被类型等方面的改变，是影响湿地生态环境脆弱程度的重要因素之一。

第四公因子特征值为 1.158，其贡献率为 7.240%。其中，年均降水量、人口密度、初中以上受教育人数、二氧化硫排放量在这一公因子上有载荷相对较高，这四项指标是与反映社会发展状况相关的指标，故社会发展水平是黄河下游生态环境脆弱的第四驱动力。随着城市化及人口发展速度的加快，过度捕捞、土地开垦、生产生活污染物排放量增加等原因，造成湿地生态空间逐渐减少，自身自净能力日益下降，从而使湿地生态环境脆弱程度增大。

综上所述，黄河下游湿地脆弱生态环境的形成是由于自身结构不稳定及外界人类活动干扰的共同结果。其中，以水沙状况、植被土壤、气象条件为主的自然环境驱动力对湿地生态环境脆弱的影响程度相对较大，在其中起到了决定性的作用；而以社会发展水平为主的人类干扰活动驱动力是导致湿地生态环境脆弱的催化剂与助推器。由此看来，这些影响因素直接阻碍湿地生态环境的可持续发展，必须重视起来并加以解决。

# 7 湿地生态环境脆弱性演变规律分析

黄河下游湿地生态环境是一个相当复杂且非线性庞大系统，其与外界环境进行着能量与物质的交换，具有动态性与开放性。在人类活动与外界环境扰动下，湿地生态环境脆弱性演变通常需要经历平衡态至趋于平衡态再至远离平衡态这三个阶段。这三个阶段的变化展示了生态环境系统由无序—突变—有序的演变过程，整个变化就是一非线性、自组织的过程。所以，要认识湿地生态环境脆弱性机理，就需要借助非线性理论进行研究。信息熵能够解决在生态环境脆弱性演变规律的研究中某些抽象、定性信息的量化问题，其具有度量系统中不确定因素、避免来自主观判断造成的误差以及简化在实际计算中难度的特点，是深入剖析黄河下游湿地生态环境脆弱性演变机理的重要途径，为湿地生态环境未来的规划、运用提供科学依据。

## 7.1 研究方法

### 7.1.1 信息熵

#### 7.1.1.1 概念与类型

熵最初来源于热力学中第二定律，其概念由德国物理学家克劳修斯（Clausius）于1854年提出，是在不可逆转、自发过程中表示物质状态的参数，由于其理论特有的渗透力与内涵被应用于社会、自然、哲学等多个领域。在诸多熵理论中，信息熵是在各个领域中仅次于物理熵应用最为广泛的一种熵，主要是被用来描述系统中不确定性信息的大小。由于信息是一个十分抽象的概念，难以叙述其含量的多少，尤其是当一个系统中含有不确定性信息时，它可能的取值就存在诸多种，那么在最终决策时就会产生偏差。而信息熵根据衡量系统中信息出现的概率来进行系统中不确定信息的度量。也就是说当系统的熵值越小，就意味着可以用较少的信息来描述系统，即这个系统不确定性越小；相反的，当系统的取值并非是一固定值的概率，说明要描述此系统需要更多的信息，即这个系统不确定性越大，由此来对系统中的不确定性进行量化处理。信息熵根据研究者的不同可以分为Shannon熵（Shannon，1948）、二维Renyi熵（Renyi，1961）、Tsalis熵（Tsallis，1998）、Epsilon熵（Binia and Rosenthal，1998）以及Exponential熵（Pal and Pal，1991）等。在这些信息熵理论中，Shannon熵常被用来研究区域生态环境脆弱性演变规律，故本书主要引入Shannon熵理论对黄河下游湿地生态环境脆弱性演变机理进行探究。

#### 7.1.1.2 Shannon熵理论

信息能否被度量一直是人们研究的热点问题。要了解某一区域生态环境的本质属性与内外联系，就需要通过多种途径获得相关信息来消除在研究过程中所面对的不确定性，获取的信息越多，那么就能够更好地帮助研究者明晰区域生态环境内在演变，以及导致环境脆弱化等外界环境扰动因素。由此，20 世纪 80 年美国数学家、信息论创始人 C. E. Shannon 基于热力学中信息熵这个词，赋予其新的概念。Shannon 在其《通信的数学理论》（*A Mathematical Theory of Communication*）论文中提出任一信息中均存有冗余，而其大小同信息中符号出现的概率有关，而信息熵就是信息去除冗余后的均值信息量。信息熵具有连续性、对称性、可加性、扩张性等重要性质。除此之外，Shannon 还基于概率论知识与逻辑方法推出信息熵的数学计算式。

设 $P=\{p_1,p_2,\cdots,p_n\}$为一概率分布，$X=\{x_1,x_2,\cdots,x_n\}$为离散型随机变量，其中 $i=1,2,\cdots,n$，而 $p_1,p_2,\cdots,p_n$ 就是与随机变量 $X$ 中 $n$ 种可能取值 $x_1,x_2,\cdots,x_n$ 的概率，以此依据 Shannon 熵定义的信息熵函数为

$$H(X)=-C\sum_{i=1}^{n}p_i\log_2 p_i \tag{7-1}$$

$$\sum_{i=1}^{n}p_i=1 \tag{7-2}$$

式中 $H(X)$——随机变量 $X$ 中所包含的信息量，即其的不确定性；

$C$——正整数，一般取 $C=1$。若随机变量 $X$ 确定为某一数值时，则 $P(X)=1$，继而得到 $H(X)=0$，那么此时随机变量 $X$ 的信息熵为最小值；相反地，当随机变量 $X$ 中全部可能取值的概率均相同，则有 $p_i=\dfrac{1}{n}$，其中 $i=1,2,\cdots,n$，这时随机变量 $X$ 的信息熵达最大值，即为 $\log_2 n$。

但当 $X=\{x_1,x_2,\cdots,x_n\}$为连续型随机变量时，可根据离散型随机变量的信息熵函数推导出来。假设 $f(x)$ 为随机变量 $X$ 的概率密度函数，$X$ 的取值范围是［$h,k$］，将随机变量的取值在区间［$h,k$］上划分成若干个连续的子区间 $\Delta x$，那么随机变量 $X$ 的分布 $p_i$ 表达式即为

$$p_i=\int_{x_i-\frac{\Delta x}{2}}^{x_i+\frac{\Delta x}{2}}f(x)\mathrm{d}x \tag{7-3}$$

当 $\Delta x$ 趋近于最小时，上述公式可以写成 $p_i=f(x_i)\Delta x$，将其代入离散型信息熵函数中可以得出：

$$H(X;\Delta x)=\sum_{i=1}^{n}p_i\log_2 p_i=\sum_{i=1}^{n}f(x_i)\Delta x\log_2[f(x_i)\Delta x],\ i=1,2,\cdots,n \tag{7-4}$$

当 $\Delta x\to 0$ 时，式（7－4）变为

$$\begin{aligned}H(X;\Delta x)&=-\int_h^k f(x)\log_2 f(x)\mathrm{d}x-\lim_{\Delta x\to 0}\sum_{i=1}^{n}p(x_i)\log_2(\Delta x)\Delta x\\&=-\int_h^k f(x)\log_2 f(x)\mathrm{d}x-\lim_{\Delta x\to 0}\sum_{i=1}^{n}\log_2(\Delta x)\\&=-\int_h^k f(x)\log_2 f(x)\mathrm{d}x-\log_2\Delta x\end{aligned} \tag{7-5}$$

将式（7－4）和式（7－5）相比较能够得到：

$$-\int_{h}^{k} f(x)\log_2 f(x)\mathrm{d}x = -\sum_{i=1}^{n} p_i \log_2 p_i + \log_2 \Delta x \tag{7-6}$$

取上述公式等号左边即得到随机变量 $X$ 连续型信息熵函数形式：

$$H(X) = -\int_{h}^{k} f(x)\log_2 f(x)\mathrm{d}x = -\int_{h}^{k} f(x)\log_2 F(x) \tag{7-7}$$

由式（7－7）可以得出连续型随机变量的信息熵，即为不确定性的数值大小。

#### 7.1.1.3 最大熵原理

在大多数情况下，对于某些随机变量的概率分布是不清晰的，最大熵原理就是为应用于此类问题而产生的。假定未知随机变量 $X$ 的概率分布，且对随机变量的可能取值进行抽样，得到 $n$ 个取值，即为 $x_i = x_1, x_2, \cdots, x_n$。而这些可能取值对应的概率就是 $p_i = p_1, p_2, \cdots, p_n$，同时假定随机变量 $X$ 其他相关条件均未知，则有

$$\sum_{i=1}^{n} p_i = 1,\ i = 1,2,\cdots,n \tag{7-8}$$

根据此条件可以推出无数种随机变量 $X$ 的概率分布，且每一分布都有与之相对应的熵值。其中均匀分布是熵值最大时所对应的概率分布，也就是 $p_i = \frac{1}{n}$，而其对应的最大熵就是 $\log n$。

当随机变量 $X$ 除式（7－8）以外还有相关约束条件情况时，那么就需要利用最大熵原理来选取最佳概率分布。由最大熵原理可知，当随机变量 $X$ 的熵为最大值对应的概率分布即为最佳分布。$X$ 的熵值越大，其不确定性就越大，说明最大熵值所对应的概率分布就是不确定性最大时的概率分布。这也就是说，最大熵原理实质上是在随机变量某些条件已知情况下，选择了随机变量未知条件中最不确定的状况，这也是合乎随机变量特点的状况。假定存在一最小熵值 $H_{\min}$，其与随机变量实际概率分布相对偏差最大的分布相对应，当 $X$ 无任何约束条件时，则随机变量 $X$ 的最大熵为 $\log n$。当随机变量存在一个约束条件时，那么就会有一个局部最大熵值 $H_{\max1}$，并存在 $H_{\min} \leqslant H_{\max1} \leqslant \log n$，若再加入一个约束条件，则会产生一个新局部最大熵值 $H_{\max2}$，并存在 $H_{\min} \leqslant H_{\max2} \leqslant H_{\max1}$，以此类每次增加一个随机变量的约束条件，就会产生一个新的局部最大熵值，也就是缩小了信息熵的区间范围。每添加一约束条件就相当于随机变量中未知性减小一点，从而表示不确定性的最大熵值也减小，直到增加至第 $l$ 个随机变量的约束条件时，使之得到 $H_{\max l} = H_{\min}$，就意味着信息熵区间已不能再缩小，说明随机变量的概率分布已确定，此时随机变量中所包含的不确定性已全部被剔除。

假定离散型随机变量有 $l$ 个约束条件，将其信息熵最大化，则有

约束条件：

$$T_j = \sum_{i=1}^{n} p_i s_j(x_i) \tag{7-9}$$

目标函数：

$$H(X) = -\sum_{i=1}^{n} p_i \log_2 p_i \tag{7-10}$$

式中 $i=1,2,\cdots,n$；$j=0,1,\cdots,l$；$s_j(x_i)$为随机变量的第 $j$ 个约束条件，此处约束条件可以是随机变量 $X$ 的各阶矩，例如协方差、均值或方差等。且当 $j=0$ 时有 $G_0=1$。根据约束条件函数式利用拉格朗日算子法进行目标函数式的最大化，即得到拉格朗日方程式为

$$L=-\sum_{i=1}^{n}p_i\log_2 p_i-(\lambda_0-1)\left(\sum_{i=1}^{n}p_i-T_0\right)-\sum_{j=1}^{l}\lambda_i\left[\sum_{i=1}^{n}p_i s_j(x_i)-T_j\right] \tag{7-11}$$

式中 $i=1,2,\cdots,n$；$j=1,2,\cdots,l$；$L(X)$表示拉格朗日函数；$\lambda_0$，$\lambda_1$，…，$\lambda_l$ 为拉格朗日算子。要推求信息熵最大时的概率分布，就需要令$\frac{\partial L}{\partial p_i}=0$，从而能够得出 $p_i$ 的函数表达式为

$$p_i=\exp\left[-\lambda_0-\sum_{j=1}^{1}\lambda_j s_j(x_i)\right] \tag{7-12}$$

式中 $i=1,2,\cdots,n$；$j=1,2,\cdots,l$。

将式（7-12）代入式（7-9）能够推求出拉格朗日算子的方程式为

$$\lambda_0=\log_2\left\{\sum_{i=1}^{n}\exp\left[-\sum_{j=1}^{l}\lambda_j s_j(x_i)\right]\right\} \tag{7-13}$$

$$\sum_{i=1}^{n}s_j(x_i)\exp\left[-\sum_{j=1}^{l}\lambda_j s_j(x_i)\right]=\exp(\lambda_0)T_j \tag{7-14}$$

式中 $i=1,2,\cdots,n$；$j=1,2,\cdots,l$。

由上述式（7-13）与式（7-14）可以求出 $\lambda_0$，$\lambda_1$，…，$\lambda_l$，继而可以推求出概率分布 $p_i$ 的函数形式。

而针对随机变量 $X$ 为连续型函数，同理能够推求出其最大熵所相对应的概率分布。由连续型随机变量的信息熵如式（7-7），那么就可以得出以下方程式：

约束条件：

$$T_j=\int_h^k s_j(x)f(x)\mathrm{d}x \tag{7-15}$$

目标函数：

$$H(x)=-\int_h^k f(x)\log_2 f(x)\mathrm{d}x \tag{7-16}$$

式中 $j=1,2,\cdots,l$。当 $j=0$ 时，即有 $s_0(x)=1$，则有 $T_0=\int_h^k f(x)\mathrm{d}x=1$，这样可以满足在全部取值范围内 $x$ 积分是 1 的条件。$s_j(x)$ 是随机变量 $X$ 在约束条件下所对应的函数。连续型随机变量与离散型随机变量有相似的情况，都是通过拉格朗日法进行最大熵相应概率分布的推求，故得到拉格朗日函数式为

$$L=-\int_h^k f(x)\log_2 f(x)\mathrm{d}x-(\lambda_0-1)\left[\int_h^k f(x)\mathrm{d}x-1\right]-\sum_{j=1}^{l}\lambda_j\left[\int_h^k f(x)s_j(x)\mathrm{d}x-T_j\right] \tag{7-17}$$

令$\frac{\partial L}{\partial f}=0$ 即可得到随机变量 $X$ 的概率密度函数为

$$f(x)=\exp[-\lambda_0-\lambda_1 s_1(x)-\cdots-\lambda_l s_l(x)] \tag{7-18}$$

将式（7-18）代入式（7-15）中，得出：

$$\lambda_0 = \log\left\{\int_h^k \exp\left[-\sum_{j=1}^{l}\lambda_j s_j(x)\right]\mathrm{d}x\right\} \tag{7-19}$$

$$\int_h^k s_j(x)\exp\left[-\sum_{j=1}^{l}\lambda_j s_j(x)\right]\mathrm{d}x = T_i \exp(\lambda_0) \tag{7-20}$$

式中　$j=1,2,\cdots,l$。

对式（7-19）与式（7-20）进行求解即可得出 $\lambda_0$，$\lambda_1$，…，$\lambda_l$ 的数值。将其代入式（7-18）则可以求得随机变量最大熵所对应的概率密度函数。

### 7.1.2　滑动平均法

滑动平均法及回归分析是气象及水沙因子时间序列统计时常用的数据分析方法。水沙及气象因子随时间其数值会受到主导因素和随机因素的影响，而滑动平均法可以对水沙及气象因子进行处理，从而消除随机因素对因子的影响，使因子随时间变化的方向性及趋势更加显著。同时，回归分析可以很好地描述水沙及气象因子随时间变化的动态特征，通过分析水沙及气象因子时间序列的变化趋势，能够更加明晰湿地生态环境动态变化特征。滑动平均法计算过程较为简便，主要是沿时间序列 $n$ 个数据，逐个滑动取 $b$ 个相邻数据进行算数平均，其计算公式为

$$\overline{y}_b = \frac{1}{2a+1}\sum_{i=b-a}^{a+b} y_i \tag{7-21}$$

式中　$\overline{y}_b$——时间序列数据点的滑动平均值；

$a$——单侧平滑点数。本书采用五点滑动平均（$a=2$）对水沙及气象时间序列数据进行平滑分析。

### 7.1.3　灰色关联分析

灰色关联分析法是主要通过判断样本数列，比较数列紧密与关联的程度来对研究对象发展演变过程进行比较与分析的方法，其不要求样本数据数量及其分布规律，计算量相对较小且计算结果常和定性分析结论相符。在社会经济、工农业技术、生态环境等各领域中往往会碰到信息不完全的状况，20 世纪 80 年代，我国华中科技大学教授邓聚龙就针对这种情况首次提出了灰色系统理论，这是一种以数学理论为基础的学科，其用来解决信息量较少且具有不确定性的问题。灰色系统理论主要将小样本、信息未知等问题作为研究对象，利用样本中某些已知信息并对其进行开发、拓展及提取关键信息，从而对系统的运动轨迹、变化规律等方面进行描述。基于灰色系统理论的灰色关联分析是就任意两系统间的因素随时间变化关联程度的衡量，在系统演变过程中，当其因素变化趋势有较好的一致性，也就是说其同步变化度较高，即为二者关联度高，相反地，因素同步变化程度较低，其之间关联性也较差。其基本思想是通过对样本数据的无量纲处理，计算其相关系数，最终确定比较数列之间的关联程度。关联度公式表明因子与湿地生态环境脆弱性之间的密切联系程度，具体公式如下：

$$r_i = \frac{1}{n}\sum_{t=1}^{n} R(t) \tag{7-22}$$

$$R(t)=\frac{\Delta_{\min}+\rho\Delta_{\max}}{\Delta t+\rho\Delta_{\max}} \tag{7-23}$$

式中 $r_i$——两因素间关联度；

$n$——时间序列长度；

$R(t)$——在 $t$ 时刻序列的关联系数；

$\Delta t$——两时间序列数据在 $t$ 时刻的绝对差值；

$\Delta_{\min}$ 与 $\Delta_{\max}$——时间序列数据在对应时刻上的绝对最小值和绝对最大值；

$\rho$——分辨系数，$\rho\in(0,1)$，其中本书中取 0.5。

## 7.2 脆弱性演变分析

基于 Shannon 信息熵及最大熵相关原理，对 1983—2015 年黄河下游湿地生态环境脆弱性 16 项评价指标的基础数据进行计算，确定 1983—2015 年信息熵来分析湿地生态环境脆演变过程。通过运算得到评价指标概率值，见表 7-1。

表 7-1 评价指标概率 $p_i$ 数值表

| 年份 | 指标 | | | | | | | |
|---|---|---|---|---|---|---|---|---|
| | 年均降水量 | 年均最大最小温差 | 平均相对湿度 | 日照百分率 | 年径流量 | 年均含沙量 | 人均水资源量 | 植被覆盖率 |
| 1983 | 0.0267 | 0.0197 | 0.0293 | 0.0392 | 0.0451 | 0.0406 | 0.0408 | 0.0417 |
| 1984 | 0.0262 | 0.0263 | 0.0293 | 0.0343 | 0.0430 | 0.0407 | 0.0400 | 0.0381 |
| 1985 | 0.0293 | 0.0307 | 0.0373 | 0.0310 | 0.0402 | 0.0395 | 0.0393 | 0.0354 |
| 1986 | 0.0256 | 0.0197 | 0.0307 | 0.0424 | 0.0291 | 0.0317 | 0.0385 | 0.0392 |
| 1987 | 0.0313 | 0.0197 | 0.0347 | 0.0408 | 0.0268 | 0.0248 | 0.0377 | 0.0312 |
| 1988 | 0.0256 | 0.0230 | 0.0280 | 0.0392 | 0.0309 | 0.0450 | 0.0370 | 0.0275 |
| 1989 | 0.0224 | 0.0285 | 0.0320 | 0.0375 | 0.0332 | 0.0390 | 0.0363 | 0.0380 |
| 1990 | 0.0442 | 0.0329 | 0.0400 | 0.0310 | 0.0343 | 0.0354 | 0.0356 | 0.0314 |
| 1991 | 0.0301 | 0.0285 | 0.0360 | 0.0261 | 0.0275 | 0.0291 | 0.0349 | 0.0365 |
| 1992 | 0.0256 | 0.0241 | 0.0333 | 0.0294 | 0.0280 | 0.0354 | 0.0342 | 0.0267 |
| 1993 | 0.0332 | 0.0307 | 0.0333 | 0.0294 | 0.0305 | 0.0339 | 0.0335 | 0.0257 |
| 1994 | 0.0335 | 0.0285 | 0.0333 | 0.0375 | 0.0320 | 0.0421 | 0.0328 | 0.0294 |
| 1995 | 0.0384 | 0.0263 | 0.0280 | 0.0359 | 0.0282 | 0.0382 | 0.0322 | 0.0291 |
| 1996 | 0.0330 | 0.0318 | 0.0280 | 0.0277 | 0.0290 | 0.0345 | 0.0316 | 0.0291 |
| 1997 | 0.0301 | 0.0285 | 0.0280 | 0.0359 | 0.0225 | 0.0225 | 0.0310 | 0.0340 |
| 1998 | 0.0326 | 0.0350 | 0.0320 | 0.0212 | 0.0267 | 0.0297 | 0.0308 | 0.0333 |
| 1999 | 0.0221 | 0.0318 | 0.0293 | 0.0261 | 0.0249 | 0.0288 | 0.0308 | 0.0235 |
| 2000 | 0.0243 | 0.0361 | 0.0307 | 0.0310 | 0.0240 | 0.0245 | 0.0266 | 0.0271 |
| 2001 | 0.0258 | 0.0361 | 0.0293 | 0.0245 | 0.0239 | 0.0253 | 0.0261 | 0.0266 |

续表

| 年份 | 指标 | | | | | | | |
| --- | --- | --- | --- | --- | --- | --- | --- | --- |
| | 年均降水量 | 年均最大最小温差 | 平均相对湿度 | 日照百分率 | 年径流量 | 年均含沙量 | 人均水资源量 | 植被覆盖率 |
| 2002 | 0.0239 | 0.0340 | 0.0267 | 0.0343 | 0.0236 | 0.0251 | 0.0297 | 0.0251 |
| 2003 | 0.0402 | 0.0394 | 0.0320 | 0.0261 | 0.0308 | 0.0282 | 0.0257 | 0.0306 |
| 2004 | 0.0397 | 0.0350 | 0.0240 | 0.0294 | 0.0311 | 0.0287 | 0.0254 | 0.0332 |
| 2005 | 0.0357 | 0.0350 | 0.0200 | 0.0326 | 0.0315 | 0.0268 | 0.0254 | 0.0313 |
| 2006 | 0.0269 | 0.0307 | 0.0280 | 0.0245 | 0.0308 | 0.0261 | 0.0252 | 0.0325 |
| 2007 | 0.0327 | 0.0383 | 0.0307 | 0.0212 | 0.0314 | 0.0258 | 0.0232 | 0.0269 |
| 2008 | 0.0243 | 0.0372 | 0.0280 | 0.0212 | 0.0286 | 0.0248 | 0.0251 | 0.0309 |
| 2009 | 0.0346 | 0.0296 | 0.0227 | 0.0261 | 0.0280 | 0.0243 | 0.0204 | 0.0251 |
| 2010 | 0.0291 | 0.0318 | 0.0267 | 0.0228 | 0.0309 | 0.0257 | 0.0246 | 0.0309 |
| 2011 | 0.0332 | 0.0318 | 0.0280 | 0.0245 | 0.0304 | 0.0250 | 0.0244 | 0.0279 |
| 2012 | 0.0293 | 0.0307 | 0.0280 | 0.0245 | 0.0351 | 0.0258 | 0.0277 | 0.0237 |
| 2013 | 0.0335 | 0.0274 | 0.0320 | 0.0245 | 0.0329 | 0.0251 | 0.0292 | 0.0296 |
| 2014 | 0.0239 | 0.0274 | 0.0307 | 0.0359 | 0.0271 | 0.0234 | 0.0212 | 0.0279 |
| 2015 | 0.0328 | 0.0340 | 0.0400 | 0.0326 | 0.0280 | 0.0242 | 0.0233 | 0.0208 |
| 1983 | 0.0393 | 0.0189 | 0.0315 | 0.0382 | 0.0203 | 0.0234 | 0.0242 | 0.0241 |
| 1984 | 0.0333 | 0.0213 | 0.0320 | 0.0381 | 0.0252 | 0.0238 | 0.0242 | 0.0241 |
| 1985 | 0.0326 | 0.0221 | 0.0320 | 0.0379 | 0.0343 | 0.0238 | 0.0248 | 0.0242 |
| 1986 | 0.0324 | 0.0224 | 0.0319 | 0.0377 | 0.0406 | 0.0236 | 0.0253 | 0.0243 |
| 1987 | 0.0313 | 0.0230 | 0.0319 | 0.0375 | 0.0385 | 0.0239 | 0.0257 | 0.0243 |
| 1988 | 0.0315 | 0.0236 | 0.0311 | 0.0372 | 0.0266 | 0.0237 | 0.0250 | 0.0243 |
| 1989 | 0.0316 | 0.0305 | 0.0310 | 0.0369 | 0.0258 | 0.0238 | 0.0238 | 0.0244 |
| 1990 | 0.0325 | 0.0233 | 0.0309 | 0.0359 | 0.0249 | 0.0238 | 0.0252 | 0.0244 |
| 1991 | 0.0374 | 0.0264 | 0.0318 | 0.0355 | 0.0240 | 0.0239 | 0.0230 | 0.0246 |
| 1992 | 0.0294 | 0.0236 | 0.0318 | 0.0339 | 0.0232 | 0.0240 | 0.0262 | 0.0245 |
| 1993 | 0.0296 | 0.0289 | 0.0318 | 0.0332 | 0.0220 | 0.0243 | 0.0263 | 0.0250 |
| 1994 | 0.0342 | 0.0263 | 0.0318 | 0.0319 | 0.0234 | 0.0249 | 0.0265 | 0.0255 |
| 1995 | 0.0284 | 0.0267 | 0.0317 | 0.0293 | 0.0246 | 0.0252 | 0.0261 | 0.0261 |
| 1996 | 0.0337 | 0.0275 | 0.0317 | 0.0289 | 0.0263 | 0.0255 | 0.0263 | 0.0269 |
| 1997 | 0.0297 | 0.0289 | 0.0316 | 0.0268 | 0.0285 | 0.0258 | 0.0275 | 0.0270 |
| 1998 | 0.0284 | 0.0296 | 0.0317 | 0.0277 | 0.0300 | 0.0259 | 0.0292 | 0.0276 |
| 1999 | 0.0280 | 0.0310 | 0.0316 | 0.0297 | 0.0286 | 0.0260 | 0.0301 | 0.0278 |
| 2000 | 0.0314 | 0.0365 | 0.0316 | 0.0280 | 0.0327 | 0.0271 | 0.0301 | 0.0280 |
| 2001 | 0.0300 | 0.0354 | 0.0315 | 0.0284 | 0.0337 | 0.0274 | 0.0275 | 0.0282 |

续表

| 年份 | 指标 | | | | | | | |
|---|---|---|---|---|---|---|---|---|
| | 年均降水量 | 年均最大最小温差 | 平均相对湿度 | 日照百分率 | 年径流量 | 年均含沙量 | 人均水资源量 | 植被覆盖率 |
| 2002 | 0.0328 | 0.0351 | 0.0315 | 0.0281 | 0.0384 | 0.0277 | 0.0284 | 0.0286 |
| 2003 | 0.0289 | 0.0344 | 0.0314 | 0.0218 | 0.0350 | 0.0289 | 0.0319 | 0.0295 |
| 2004 | 0.0267 | 0.0351 | 0.0314 | 0.0191 | 0.0351 | 0.0304 | 0.0307 | 0.0301 |
| 2005 | 0.0394 | 0.0362 | 0.0313 | 0.0196 | 0.0324 | 0.0325 | 0.0301 | 0.0311 |
| 2006 | 0.0263 | 0.0372 | 0.0160 | 0.0214 | 0.0303 | 0.0339 | 0.0291 | 0.0319 |
| 2007 | 0.0274 | 0.0349 | 0.0288 | 0.0225 | 0.0270 | 0.0353 | 0.0309 | 0.0331 |
| 2008 | 0.0267 | 0.0317 | 0.0288 | 0.0260 | 0.0290 | 0.0380 | 0.0351 | 0.0344 |
| 2009 | 0.0312 | 0.0342 | 0.0287 | 0.0274 | 0.0299 | 0.0379 | 0.0373 | 0.0355 |
| 2010 | 0.0263 | 0.0355 | 0.0286 | 0.0274 | 0.0313 | 0.0400 | 0.0384 | 0.0373 |
| 2011 | 0.0280 | 0.0361 | 0.0286 | 0.0297 | 0.0334 | 0.0420 | 0.0393 | 0.0400 |
| 2012 | 0.0257 | 0.0353 | 0.0286 | 0.0304 | 0.0330 | 0.0441 | 0.0402 | 0.0424 |
| 2013 | 0.0308 | 0.0352 | 0.0286 | 0.0308 | 0.0385 | 0.0457 | 0.0413 | 0.0450 |
| 2014 | 0.0253 | 0.0352 | 0.0285 | 0.0315 | 0.0371 | 0.0468 | 0.0442 | 0.0474 |
| 2015 | 0.0197 | 0.0379 | 0.0284 | 0.0316 | 0.0362 | 0.0468 | 0.0460 | 0.0482 |

根据信息熵原理及相关公式，计算得出 1983—2015 年黄河下游湿地生态环境脆弱性信息熵值，并作出湿地生态环境脆弱性信息熵值变化图，同时结合第 3 章突变级数法及基于熵权的模糊综合评价模型所求出的脆弱性评价值作图，如图 7－1 和图 7－2 所示。

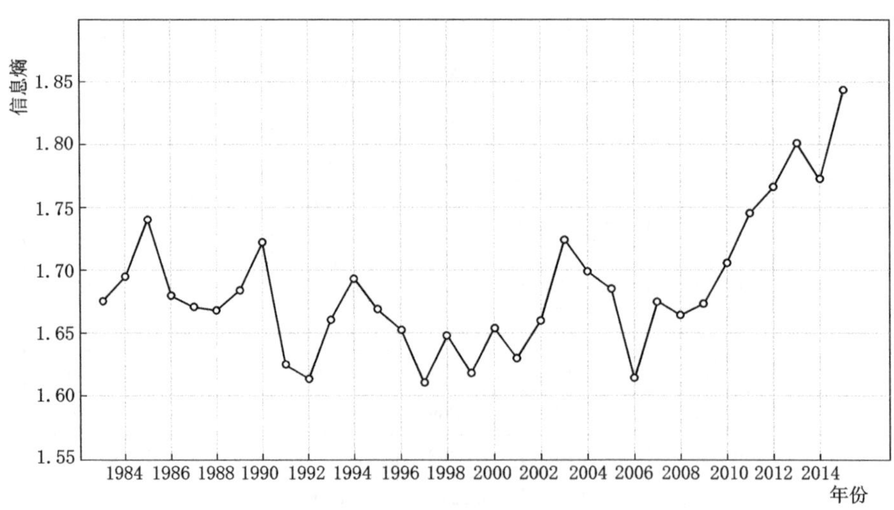


图 7－1　黄河下游湿地生态环境脆弱性信息熵变化图

从图 7－1 中可以看出，1983—2015 年黄河下游湿地生态环境脆弱性信息熵总体上呈波动上升趋势，脆弱性信息熵由 1.675 上升至 1.844，尤其是在 2010 年以后脆弱性信息

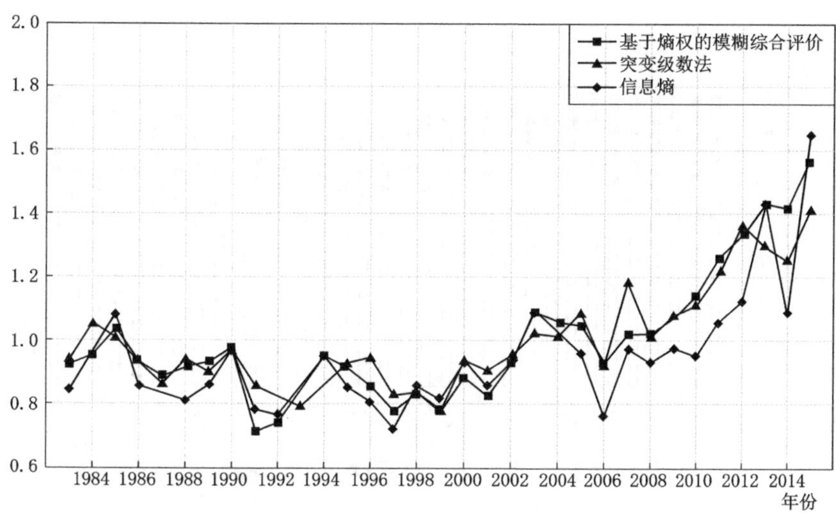


图 7-2 生态环境脆弱性变化图（三种方法比较）

熵数值较之前大幅上涨。在社会经济发展需要背景下，黄河下游湿地所属东营市增强了对各种要素的吸引力，主要是不断集聚的城市人口及产业，使城市扩张速度加快，湿地自然资源耗损量大幅升高，且黄河断流现象严重，淡水资源严重匮乏致使海水倒灌、土壤盐碱化等问题的产生。虽然随着湿地保护、治理及恢复得到重视，建立的自然保护区内开展了筑巢招引、筑堤修坝等一系列工程，且自 2002 年起实施黄河调水调沙工作，这都促进了退化湿地恢复与发育机制，但由于近些年工业化与城市化推进速度加快，湿地生态环境治理与恢复工作仍不足以解决破坏、污染对湿地生态环境的影响，故湿地生态环境脆弱性信息熵值呈上升趋势。由图 7-2 所示，由突变级数法、基于熵权的模糊综合评价及信息熵三种方法所得湿地生态环境脆弱性均呈上升趋势，变化规律基本一致，故认为所求湿地生态环境脆弱性变化规律是合理的。

由第 6 章主成分分析可知，黄河下游湿地生态环境脆弱性主要驱动力是水沙状况驱动力、植被土壤驱动力、气象条件驱动力以及社会发展水平驱动力，故分别对这些主要驱动力进行信息熵计算，并作出其信息熵演变图式，如图 7-3 所示。

由图 7-3 可以看出，相较于湿地生态环境脆弱性信息熵变化过程，主要驱动力信息熵的变化过程相对较为缓和，虽各驱动力信息熵均有波动，但总体上处于一种稳定态势，变化幅度相对较小。在 1983—2015 年期间，气象条件驱动力信息熵整体呈平稳状态；黄河水沙状况驱动力信息熵整体呈波动下降趋势，由最初的 0.4 下降至 0.278，黄河来水来沙量大幅减少、水沙搭配处于“小水带大沙”状态等问题是影响黄河水沙状况信息熵减小的主要原因；湿地植被土壤驱动力信息熵整体上呈下降趋势；社会发展水平驱动力信息熵大体呈上升趋势，由最初的 0.388 上升至 0.454。

综上所述，1983—2015 年黄河下游湿地生态环境脆弱性信息熵总体上趋于上升趋势，说明湿地生态环境脆弱程度仍处于增长趋势。主要驱动力信息熵中水沙状况驱动力、植被土壤驱动力信息熵整体呈下降趋势，社会发展水平信息熵呈上升趋势，而气象条件驱动力信息熵仅产生小范围波动相对较为稳定。

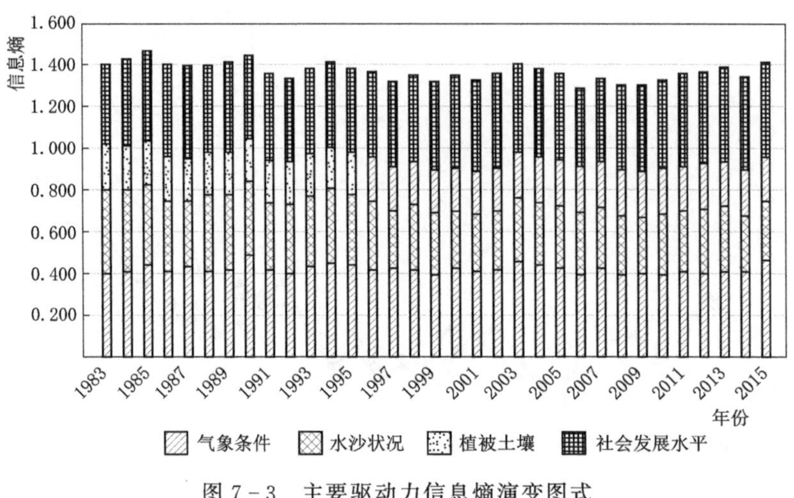


图 7－3 主要驱动力信息熵演变图式

## 7.3 主要驱动力与脆弱性动态关系

### 7.3.1 水沙状况

水沙状况驱动力是影响黄河下游湿地生态环境脆弱性的首要驱动力，通过对水沙状况驱动力中年均含沙量、年径流量及人均水资源量因子的动态特性进行分析，探究其变化对湿地生态系统的影响，来认识与理解水沙变化引起的湿地生态环境效应。

#### 7.3.1.1 动态特性分析

结合滑动平均法对 1983—2015 年年均含沙量、年径流量及人均水资源量的基础数据进行趋势分析，探究其变化趋势、线性趋势以及 5a 滑动平均变化趋势，并分别作出趋势变化图，如图 7－4、图 7－6、图 7－8 所示。Mann－Kendall 趋势检验法是一个能够很好地解释水沙及气象条件因子在长期变化中从某一稳定状态向另一稳定状态急剧变化的方法，其主要通过构造时间序列正样本 $UB(K)$、逆样本 $UF(K)$，并由其统计量绘制出两条曲线来判断时间序列变化突变特征，当两条曲线相交且交点位于置信区间内，即可确定此交点为突变起始时间。年均含沙量、年径流量及人均水资源量 M－K 法突变点检验统计曲线如图 7－5、图 7－7、图 7－8 所示。

由图 7－4 可知，年均含沙量总体呈明显下降趋势。在 1985—1988 年、1990—1992 年间波动较大，正、负距平变化幅度相对较大，在 1985—1988 年最大正距平值为 10.27kg/m$^3$，最大负距平值为 6.19m$^3$；在 1990—1992 年最大正距平值为 5.68m$^3$，最大负距平值为 1.35m$^3$。年均含沙量在 1996 年以前正距平居多，1996 年以后均为负距平。由 5a 滑动平均曲线可以看出，1986—1992 年、1994—1998 年波动相对大，1997 年负距平值达 8.71kg/m$^3$。年均含沙量于 1988 年为最大，其值为 25.7kg/m$^3$；于 1997 年最小，值为 0.519kg/m$^3$。根据 M－K 法突变点检验图可以看出两曲线交点位于置信区间以外，故年均含沙量时间序列不存在突变点。

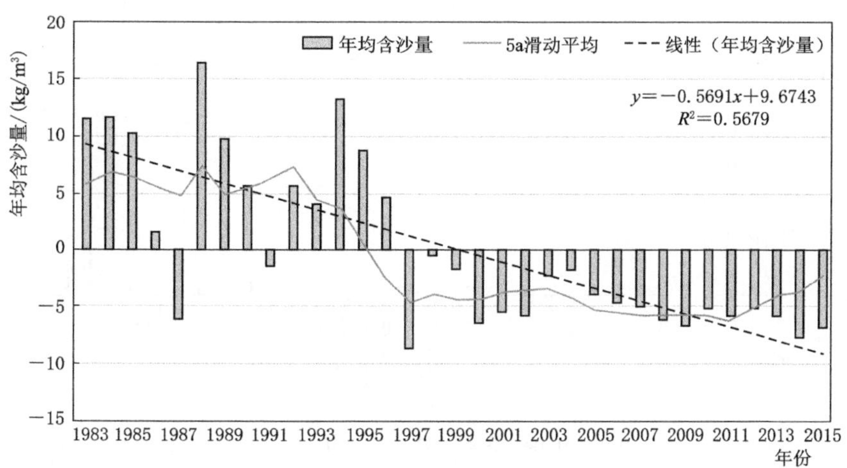


图 7-4　年均含沙量趋势变化图

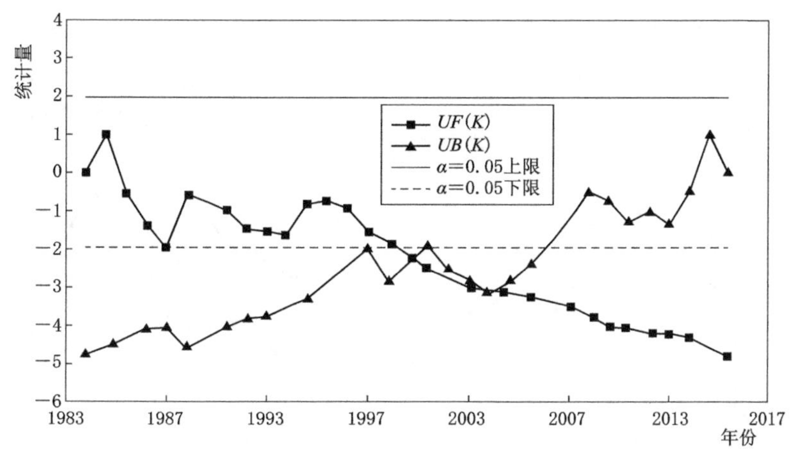


图 7-5　年均含沙量 M-K 法突变点检验图

根据图 7-6 可以看出，年径流量在 1983—2015 年整体呈下降趋势。1986—1995 年与 2003—2015 年这两个时期波动较大，正负距平间变化程度大，在 1986—1995 年最大正距平值为 82.8m³，最大负距平值为 72.99m³；而在 2003—2015 年最大正距平值为 101m³，最大负距平值为 67.19m³。1985 年以前年径流量以正距平为主；1995—2002 年主要以负距平为主，年径流量减幅较大，对湿地生态环境影响较大。通过 5a 滑动平均曲线分析得出，年径流量在 1983—1989 年、1993—2002 年有较大波动，在这是两个时期内年径流量波动大于 200m³。年径流量最大在 1983 年，其值为 491m³；最小在 1997 年，其数值为 18.61m³。根据 M-K 法突变点检验分析，2013 年以前年径流量呈下降趋势，2013 年以后呈上升趋势，具体在 2013 年发生突变；另一处突变在 1980 年发生。

由图 7-8 可知，人均水资源量总体呈下降趋势。1990—1996 年波动较大，其中最大正距平值为 66.38m³，最大负距平值为 62.92m³。1999 年以前主要以正距平为主，1999

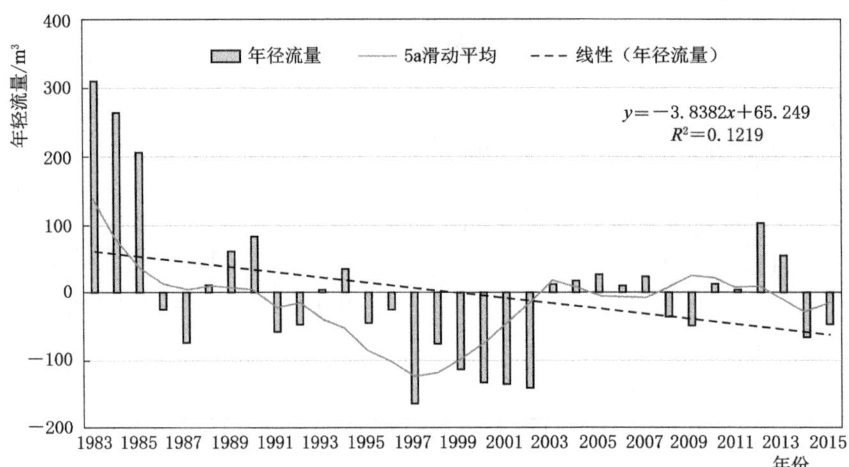


图 7-6　年径流量趋势变化图

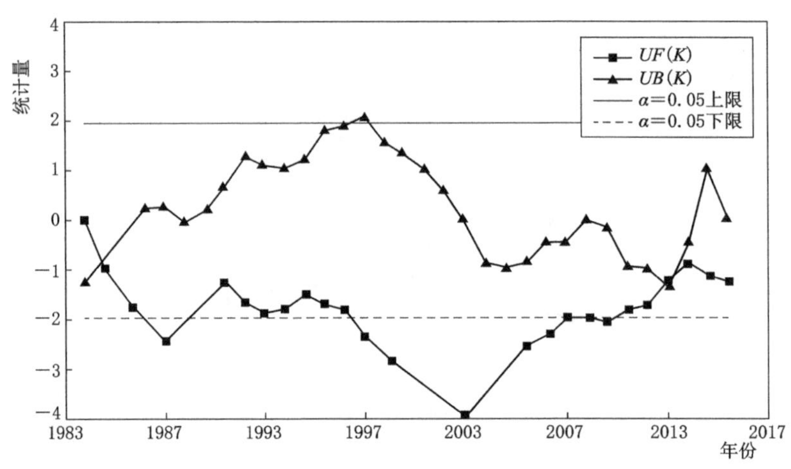


图 7-7　年径流量 M-K 法突变点检验图

年以后以负距平为主，人均水资源量下降程度较大。由 5a 滑动平均曲线看出在时间序列轴上人均水资源量出现 2 次较大波动，其变化节点位于 1988—1995 年、2003—2010 年两个时期，在 2009 年负距平值达 105.54。1938—2015 年人均水资源量最大值为 447.51m³，最小值为 232.43m³。由 M-K 法突变点检验图可以看出两曲线交点位于置信区间以外，故人均水资源量时间序列不存在突变点。

#### 7.3.1.2　水沙变化对脆弱性演变的影响

黄河水沙过程左右着下游湿地的形成、发育与演变，是影响湿地生态环境的首要驱动力。由图 7-10 所示，水沙状况指标整体呈下降趋势，而湿地生态脆弱性总体上呈上升趋势，且根据趋势变化图可知年均含沙量、人均水资源量在 2006 年以后主要以负距平为主，年径流量在 2006 年以后虽以正距平为主，但正负距平间波动大且负距平值相对较大，而湿地生态脆弱性也从 2006 年以后呈持续上升趋势。可见由于黄河来水来沙量减少，会造

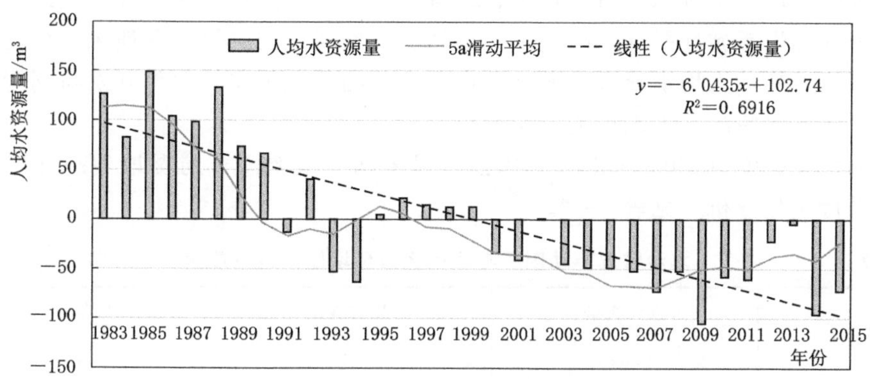


图 7-8　人均水资源量趋势变化图

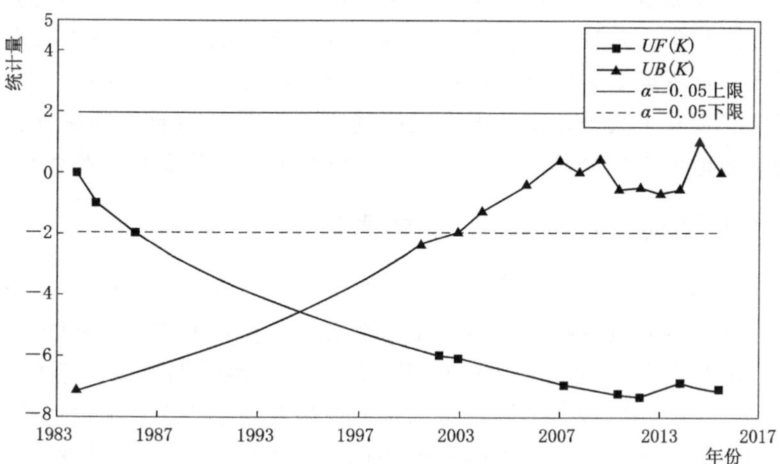


图 7-9　人均水资源量 M-K 法突变点检验图

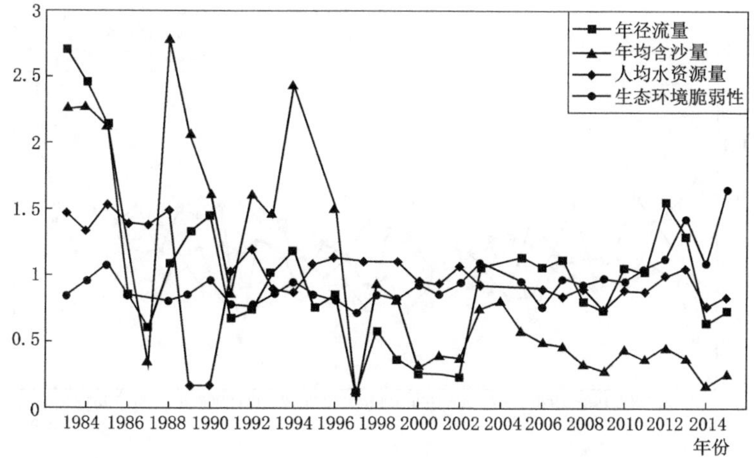


图 7-10　水沙变化对黄河下游湿地生态环境脆弱性影响分析

成黄河下游湿地地下水资源补给量减少、土壤盐碱化、自然灾害频发等问题的产生，同时中断了下游湿地生态循环系统，限制了其自然演替发展过程，致使湿地生态系统功能与结构发生改变。另外，人均水资源量的减少也会产生超采地下水、粗放开发与利用湿地水资源等问题，同样促使湿地生态环境急剧恶化。

运用灰色关联度对 1983—2015 年水沙状况驱动力主要因子与湿地生态环境脆弱性之间相关性进行量化分析，见表 7－2。

**表 7－2　　水沙状况驱动因子与湿地生态环境脆弱性关联度**

| | 年径流量 | 年均含沙量 | 人均水资源量 |
|---|---|---|---|
| 关联度 | 0.849 | 0.746 | 0.632 |

从表 7－2 中可以看出，水沙状况驱动力中因子与湿地生态环境脆弱性变化关联程度从大到小依次为年径流量、年均含沙量、人均水资源量。黄河来水来沙作为湿地生态环境生存与发展的重要基础，其具有提供淡水资源、降低土壤含盐量、防止海岸侵蚀等作用。人均水资源量在一定程度上表示湿地所在区域水资源蕴含量及人口密度，充足的水资源是湿地生态环境发展及减少人类超采地下水发生的必要条件，因此年径流量、年均含沙量、人均水资源量与湿地生态环境具有关联性，其变异会使湿地生态环境脆弱程度加强。

### 7.3.2　植被土壤驱动力对脆弱性演变的影响

湿地植被与土壤为人类及生物生存、发展提供大量的资源，是构建湿地生态系统至关重要的环境因素之一，其具有控制污染、净化水质、防止水土流失等功能，维持着湿地生态平衡，同时在演替过程中起到重要的作用。然而，湿地脆弱生态环境导致植被数量减少、土壤侵蚀等。相反，植被与土壤逐渐恶化也促使着湿地生态环境脆弱化，因此需要根据植被土壤驱动力中植被覆盖率与盐碱地面积因子 1983—2015 年数据作趋势图，研究植被、土壤与生态环境脆弱性演变过程，分析其之间相互关系，如图 7－11 所示。

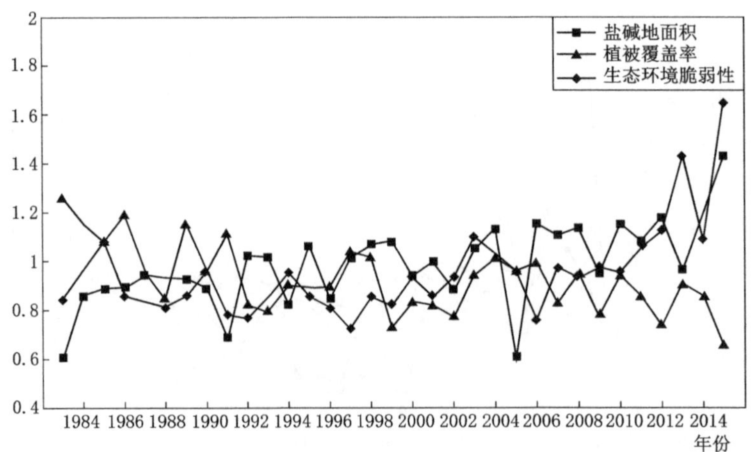


图 7－11　植被土壤驱动力与湿地生态环境脆弱性趋势变化图

根据图 7-11 可以看出，植被覆盖率在 1983—2015 年整体呈下降趋势，盐碱地面积及脆弱性指数总体呈上升趋势。1995—1997 年湿地生态脆弱程度减小，盐碱地面积也有所减少，而植被覆盖率呈增加趋势，2005—2015 年生态脆弱性及盐碱地面积呈上升趋势，反之植被覆盖率有减小趋势。土壤含盐量增大，原有密集的轻度及中度耐盐植被逐渐被疏落的高耐盐植被代替，甚至含盐量过高区域产生植被退化现象。而植被覆盖面积的减少，使湿地失去天然屏障，造成湿地易发生海岸侵蚀、珍稀动物觅食及栖息地遭破坏等问题，可以看出盐碱化土地面积的增加及湿地植被减少促使黄河下游湿地生态环境更加恶化。

运用灰色关联度对 1983—2015 年植被土壤驱动力中植被覆盖率及盐碱地面积因子与湿地生态环境脆弱性之间相关性进行量化分析，见表 7-3。

**表 7-3 植被土壤资源驱动因子与湿地生态环境脆弱性关联度**

| 关联度 | 植被覆盖率 | 盐碱地面积 |
|---|---|---|
| | 0.631 | 0.642 |

由表 7-3 可以看出，所选取的植被土壤驱动因子与湿地生态环境脆弱性变化存在一定的关联，从大到小依次为盐碱地面积、植被覆盖率。土壤与植被是湿地生态环境发展的基石，其变化紧密影响着湿地生态环境的发展，因此如何解决植被退化、土壤含盐量增加等问题是解决湿地脆弱生态环境问题重要的一环。

### 7.3.3 气象条件

气象条件驱动力是影响黄河下游湿地生态环境脆弱性的第三驱动力，通过对气象条件驱动力中年均降水量、年均最大最小温差、日照百分率、平均相对湿度因子动态特性进行分析，研究气象条件驱动力对湿地生态环境的影响。

#### 7.3.3.1 动态特性分析

结合滑动平均法对 1983—2015 年年均降水量、年均最大最小温差、日照百分率、平均相对湿度因子的基础数据进行趋势分析，探究其变化趋势、线性趋势以及 5a 滑动平均变化趋势，并分别作出趋势变化图，如图 7-12、图 7-14、图 7-16、图 7-18 所示。采用 Mann-Kendall 趋势检验法作出年均降水量、年均最大最小温差、日照百分率、平均相对湿度的 M-K 法突变点检验统计曲线，如图 7-13、图 7-15、图 7-17、图 7-19 所示。

根据图 7-12 可以看出，1983—2015 年年均降水量整体呈波动上升趋势。1983—1992 年主要以负距平为主，1993—1998 年以正距平为主，2005 年以后，正负距平数值呈交替形式出现。在 1989—1993 年、1996—2002 年正负距平变化幅度大。正距平最大值在 1990 年，其值为 322.54mm，负距平值在 1999 年最大，距平值为 190.16mm。由 5a 滑动平均曲线图得出年均降水量波动频繁，但大多数波动幅度较小，相对较大波动在 1994—2004 年产生，年均降水量距离相差高达 400mm。在 1983—2015 年，年均降水量在 1990 年达最大，其值为 860.5mm，在 1999 年达最小，其值为 347.8mm。由图 7-13 突变点检验图所示，共有 4 个突变点，分别出现在 1985 年、1990 年、1992 年、2014 年。

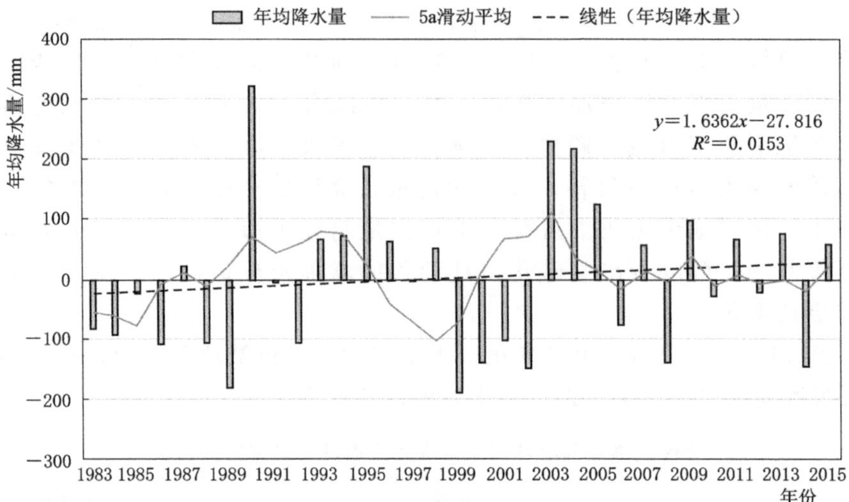


图 7-12 年均降水量趋势变化图

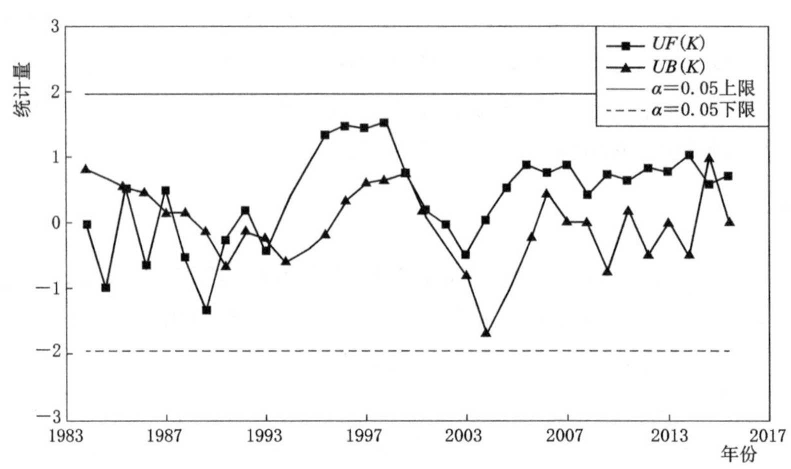


图 7-13 年均降水量 M-K 法突变点检验图

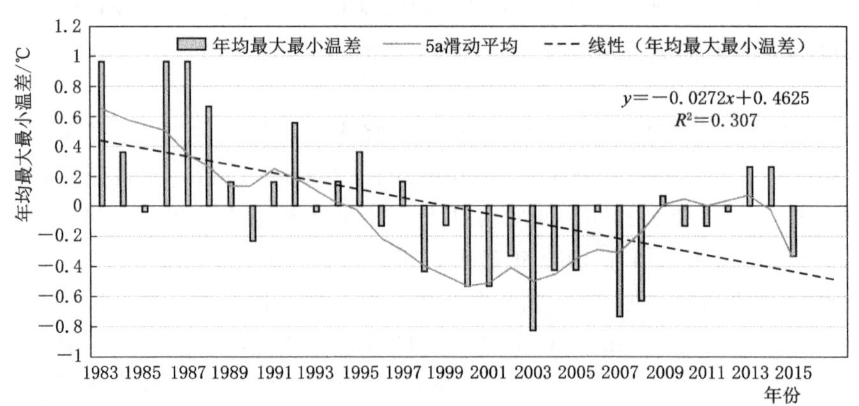


图 7-14 年均最大最小温差趋势变化图

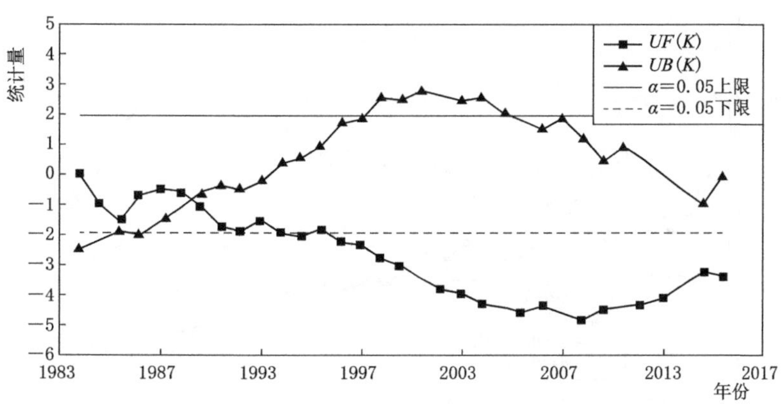


图 7－15　年均最大最小温差 M－K 法突变点检验图

由图 7－14 可知，年均最大最小温差整体呈下降趋势。1998 年以前主要为正距平，1999—2007 年主要以负距平为主，2009 年以后正、负距平呈隔年交替形式。1983—1985 年、1988—1993 年、2009 年—2014 年正、负距平幅度变化较大，2003 年负距平值达 0.833℃，为负距平中最大值，而正距平值在 1983 年、1986 年及 1987 年均为最大。通过 5a 滑动距平发现年均最大最小温差在时间序列轴上主要出现了两次较大波动，依次是 1995—2009 年及 2010—2015 年，年均最大最小温差间距离大于 1.8℃。由 M－K 法突变检验分析可知，共有 1 个突变点，突变发生在 1988 年。

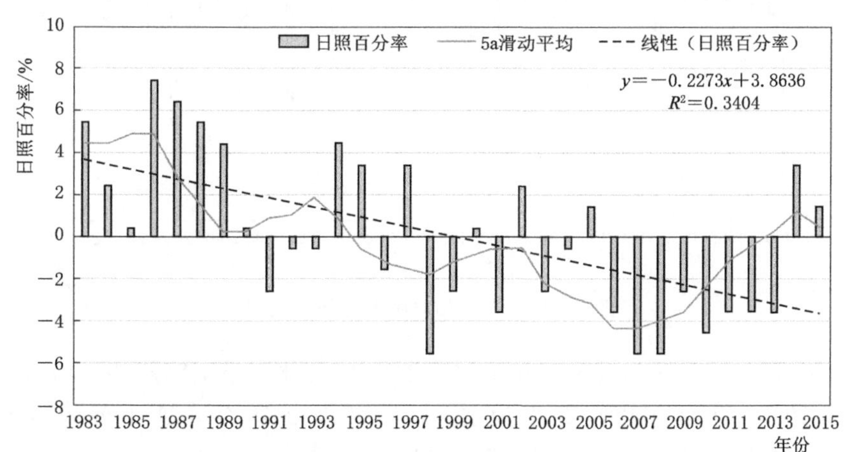


图 7－16　日照百分率趋势变化图

由图 7－16 可知，日照百分率总体呈下降趋势，1893—1990 年日照百分率主要以正距平为主，1999—2006 年正、负距平呈交替式，2006—2013 年主要为负距平。其中，正、负距平最大值分别在 1986 年及 1998 年，其值分别为 7.42%、5.76%。日照百分率正、负距平在 1989—1994 年、1997—2001 年变幅较大。日照百分率在 1986—1992 年、1993—2001 年、2002—2014 年波动均较大，日照百分率相差均在 10%左右。根据图 7－17 的 M－K 法突变点检验图可以看出置信区间内仅有一个突变点，其发生在 1990 年。

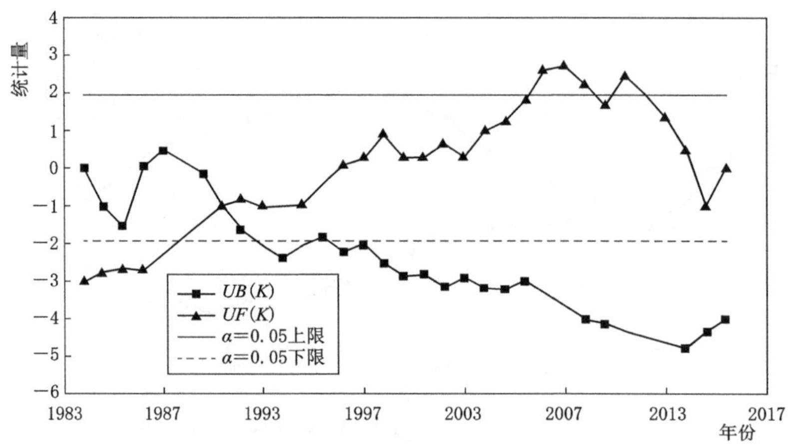


图 7-17　日照百分率 M-K 法突变点检验图

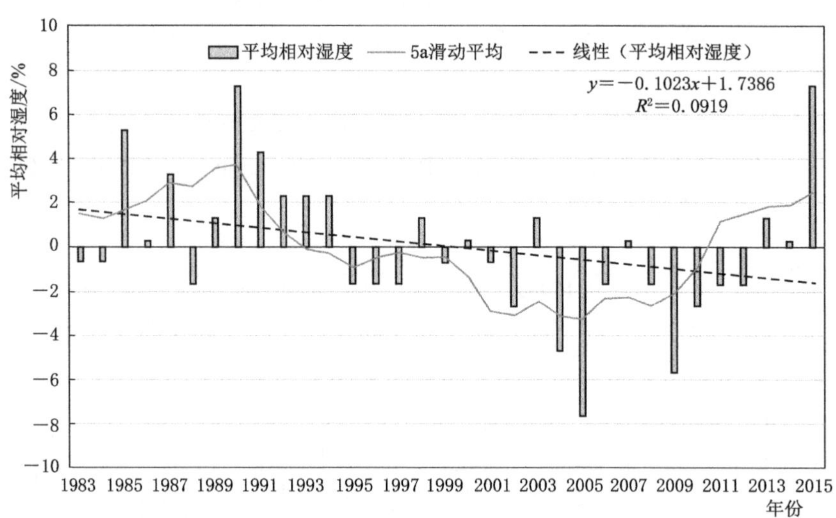


图 7-18　平均相对湿度趋势变化图

由图 7-18 可知，平均相对湿度在 1983—2015 年大体上呈下降趋势，1983—1994 年以正距平为主，1995—2012 年以负距平为主，1990 年及 2015 年正距平值为最大，其值为 7.27%，2005 年负距平值为最大，其值为 7.27%。1983—1990 年、1998—2005 年、2012—2015 年正负距平变化程度较大，其中 2012—2015 年期间平均相对湿度正、负距平相差 9%。由 5a 滑动平均曲线看出平均相对湿度在 1984—1993 年、1999—2011 年波动相对较大。在 1983—2015 年平均相对湿度最大值为 71%，最小值为 56%，分别于 1990 年、2005 年及 2015 年。根据图 7-19 所示，平均相对湿度突变点有 1 个，1991—1993 年呈缓慢下降趋势，而 1996—1997 年平均相对湿度急剧下降，其突变点发生 1994 年初。

#### 7.3.3.2　气象条件变化对脆弱性演变的影响

气象条件作为构成湿地系统重要部分之一，其对湿地的物候变化、植被生长、水文循

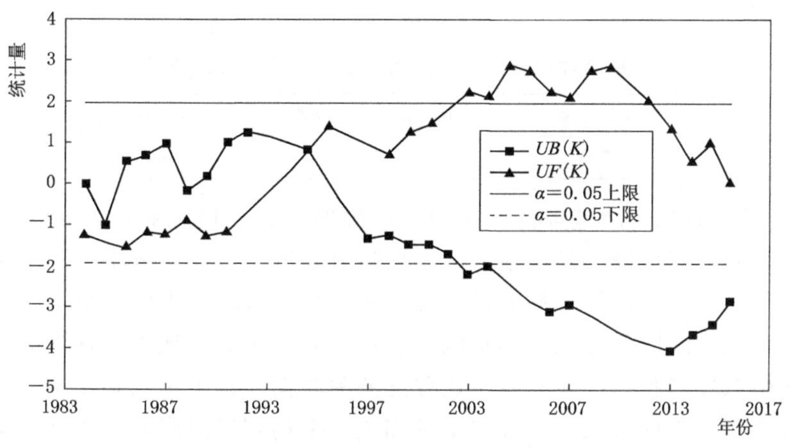


图 7-19 平均相对湿度 M-K 法突变点检验图

环、生物多样性及固碳功能等方面均产生一定的影响。由于自然与人为因素的作用，引起黄河下游湿地气温、降水等气象因素发生变化，不利的气候变化会引起极端天气、作物生长季延长、海平面上升等问题，这些问题严重影响湿地的生态环境。如图 7-20 所示，湿地生态脆弱性总体呈上升趋势，年均最大最小温差、日照百分率与平均相对湿度整体呈波动下降趋势，年均降水量虽呈上升趋势，但上升幅度较小，如图 7-12 所示，其正、负距变化幅度较大，可见随着温室效应加剧，湿地气候变化异常，引发极端天气频繁出现。天气温差过大会造成无霜期短，降水量减少，湿地植物失水严重，影响其生长，同时由于水生生物适应温度能力较低，温度的急剧改变会使其数量、种类减少，影响湿地生物多样性。而降水量不稳定易造成旱涝灾害发生。日照与相对湿度为植被及动物创造适宜的生存空间及良好的生长条件，其下降趋势对湿地生物多样性及植被发育产生不良影响，进而使湿地生态环境脆弱化。

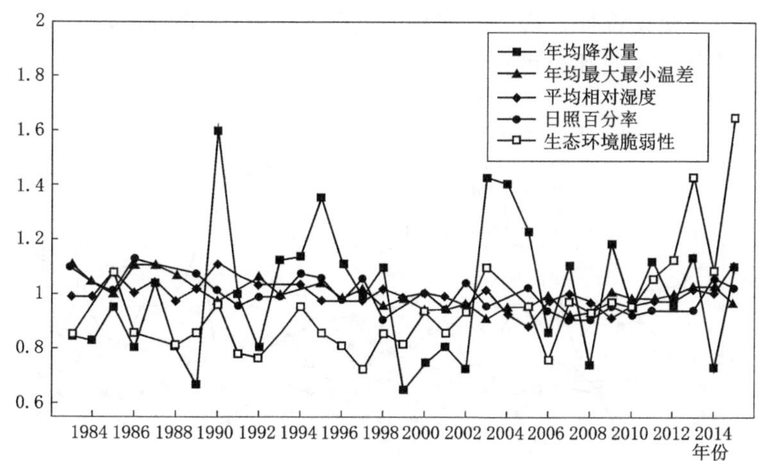


图 7-20 气象条件变化对黄河下游湿地生态环境脆弱性影响分析

运用灰色关联度对 1983—2015 年时间序列上的气象条件驱动力因子年均降水量、年均最大最小温差、日照百分率、平均相对湿度与湿地生态环境脆弱性之间相关性进行量化分析，见表 7-4。

表 7-4 气象条件驱动因子与湿地生态环境脆弱性关联度

| 因子 | 年均降水量 | 年均最大最小温差 | 平均相对湿度 | 日照百分率 |
|---|---|---|---|---|
| 关联度 | 0.773 | 0.752 | 0.671 | 0.621 |

由表 7-4 可以看出，所选取的气象因子与湿地生态环境脆弱性变化关联度由大到小依次为年均降水量、年均最大最小温差、平均相对湿度、日照百分率。降水量是湿地生态系统水源的主要来源之一，年均最大最小温差变化影响着湿地生物与植被生存生长、蒸发程度等问题，而相对湿度与日照时间从侧面表示气候变化对湿地生态环境的影响，故这四个指标与湿地生态环境脆弱性间具有一定程度的关联性。其中年均降水量与其他因子均具有相关性，降水量与年均最大最小温差呈负相关；平均相对湿度与年均降水量、年均最大最小温差呈正相关，且其与年均降水量具有显著相关性。

### 7.3.4 社会发展水平驱动力对脆弱性演变的影响

东营市是我国黄河下游的中心地带及石油基地，也是研究区黄河下游湿地的归属地。东营市社会发展迅速，据统计 2015 年年末总人口达 211.06 万人，较建市初期增长 32.26%，除此之外工农业、教育文化、医疗保障等方面均有提升。但随着湿地生态环境恶化程度加大，致使自然资源减少、区域生态平衡破坏等问题，使东营市可持续发展遭遇瓶颈，然而大多湿地生态环境问题是由于区域社会活动频繁对其生态系统产生过大压力所形成的。虽问题主要表现在湿地生态环境动态演变特征上，但其根源主要在于湿地所在区域人类高强度、高密度的社会活动，表现为污染物排放、开垦造田、资源不合理开发利用等问题，直接影响着湿地生态环境的发展。因此，对社会发展水平驱动力下的人口密度、二氧化硫排放量、恩格尔系数、初中以上受教育人数四个因子作趋势变化图，如图 7-21 所示，来探究其动态变化特征，探寻经济活动对湿地生态环境的影响，反过来根据湿地生态脆弱性演变也可揭示区域社会可持续发展的潜力。

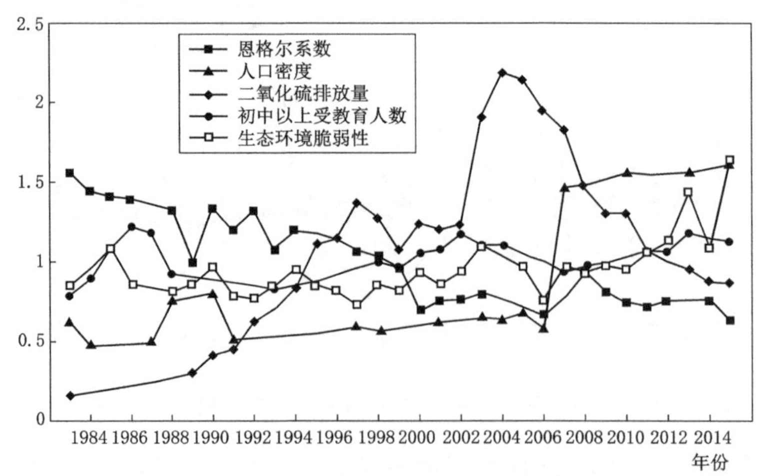


图 7-21 社会发展水平因子与湿地生态环境脆弱性趋势变化图

由图 7－21 可知，湿地生态环境与人口密度、二氧化硫排放量、初中以上受教育人数总体上随时间呈上升趋势，恩格尔系数呈下降趋势。恩格尔系数下降表示区域人民生活水平有所提高，而初中以上受教育人数上升表示人民文化水平提高，这表明人民的生活得到保障且具有一定程度的认识，对湿地生态环境保护意识及行为逐渐加以重视。人口密度和二氧化硫排放量是湿地生态环境恶化的因素之一，1999—2003 年二氧化硫排放量及 2006 年以后人口密度的剧增，都使脆弱性指数在相应年份有所增大，说明人口及污染物排放量增加对湿地生态环境产生负面影响。

运用灰色关联度对 1983—2015 年社会发展水平驱动力因子恩格尔系数、人口密度、二氧化硫排放量、初中以上受教育人数与湿地生态环境脆弱性之间相关性进行量化分析，见表 7－5。

**表 7－5　社会发展水平驱动因子与湿地生态环境脆弱性关联度**

| 因子 | 恩格尔系数 | 人口密度 | 二氧化硫排放量 | 初中以上受教育人数 |
|---|---|---|---|---|
| 关联度 | 0.577 | 0.907 | 0.647 | 0.630 |

由表 7－5 可以看出，所选取的社会发展水平驱动因子与湿地生态环境脆弱性变化存在一定的关联度，由大到小依次为人口密度、二氧化硫排放量、初中以上受教育人数、恩格尔系数。区域人口增长、二氧化硫排放致使能源短缺及环境污染问题产生，直接影响湿地的生态环境，故其与生态脆弱性关联性较强。而受教育程度则是从人类认识及保护意识方面间接影响着生态环境，故与之关联性较其他两个因子低。总体上看，如何维持人类社会发展水平与湿地生态环境动态平衡状态，是促进其共同可持续发展的关键问题。

## 7.3.5　湿地一级分类面积与生态脆弱性动态关系

### 7.3.5.1　湿地面积变化特征分析

由于黄河下游湿地独特的景观特点，将湿地分为天然以及人工湿地两个部分，其面积变化趋势见图 7－23 所示。

根据图 7－22 可知，1983—2015 年黄河下游天然湿地整体上呈波动下降趋势，其面积平均减小速度约为 12957.11$hm^2$/10a，1994—1996 年及 2000—2001 年天然湿地有增长趋势，1983—2001 年主要以正距平为主，2001 年以后整体呈减小趋势，负距平达 69469.83$hm^2$。黄河断流及改道、开垦土地、基础设施工程建造等自然及人类过度开发利用是造成天然湿地逐渐减少的主要原因。而人工湿地总体上呈增长态势，1983—2000 年主要以负距平为主，期间人工湿地处于快速增长时期，2001—2015 年人工湿地处于飞速增长时期，主要以正距平为主，年均增长速度约为 2070.95$hm^2$。人类活动的作用是致使黄河下游人工湿地增加的关键因素。

### 7.3.5.2　脆弱性演变对湿地面积的影响

为探究湿地脆弱的生态环境对湿地面积增减的影响，就要研究湿地生态环境脆弱性与湿地面积之间的动态关系，其变化趋势如图 7－24 所示。

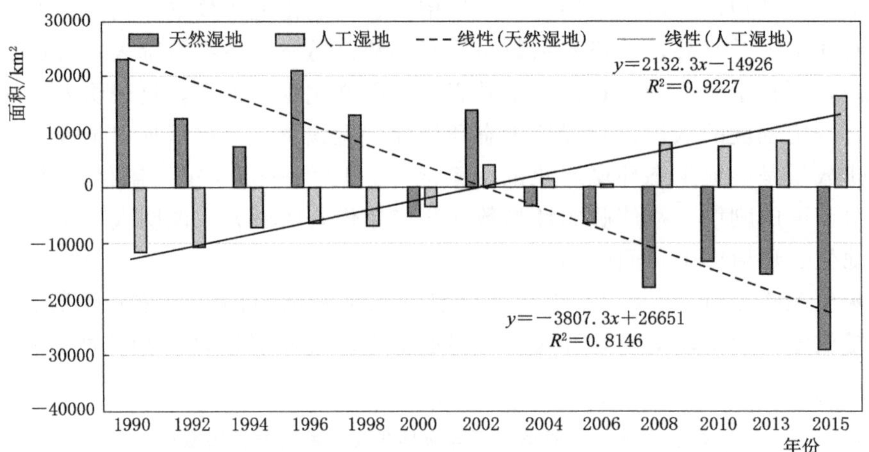


图 7－22 湿地面积变化趋势

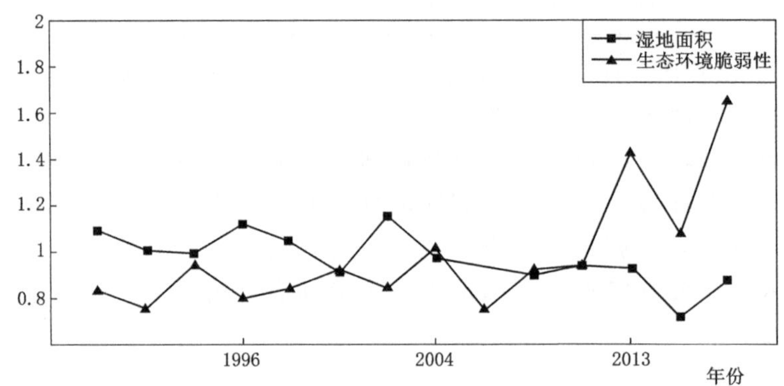


图 7－23 湿地生态环境脆弱性与湿地面积变化趋势图

由图 7－23 可知，湿地总面积在 1983—2015 年总体呈减少趋势，湿地生态环境脆弱性则呈上升趋势。在 1996—2000 年湿地面积骤减，反之生态脆弱性呈上升趋势，在 1993—1996 年及 2000—2004 年湿地面积有增加趋势，而生态环境脆弱性有下降趋势，在 2010—2015 年湿地面积有所减少，生态脆弱性则呈上升趋势，说明湿地生态环境的脆弱化会导致湿地面积减小，之间呈负相关。黄河下游湿地中水沙、气象、植被、土壤等之间的相互作用是形成湿地生态系统的关键，任何因素的变异都会引起湿地生态环境脆弱化，随着自然影响及人类干扰程度加强，开垦湿地、污染程度加重，过度捕获及采集生物资源等都会造成生态环境脆弱化，而湿地生态环境严重脆弱不仅导致湿地功能丧失，甚至会使湿地面积减少。

### 7.3.6 生态脆弱性对湿地景观格局动态的影响

根据湿地类型、分类标准以及黄河下游湿地独特景观特征，研究分析滩涂、沼泽、草甸、河流湖泊、水库坑塘湿地以及盐田与养殖池的变化特征及其与湿地生态环境脆弱性演变规律之间的动态关系，如图 7－24 所示。

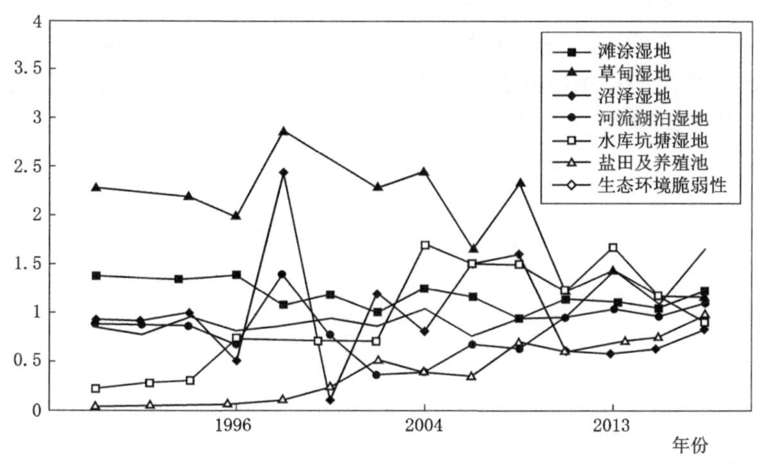


图 7-24　湿地生态环境脆弱性与湿地景观格局变化趋势图

由图 7-24 可以发现，在 1983—2015 年黄河下游湿地生态环境脆弱性总体呈上升趋势，滩涂湿地面积总体上呈减小趋势，在 1996—2000 年滩涂湿地持续下降，整体趋势呈升降式波动且波动幅度不大，滩涂湿地面积达最低面积，为 43867.23hm²，而在 1996 年其面积为最大值。在 1993—1996 年滩涂湿地面积有增加趋势，而湿地生态脆弱性有所减小，而在 2006—2010 年滩涂湿地面积呈下降趋势，而湿地生态脆弱性呈上升趋势。草甸湿地面积整体呈下降趋势，波动幅度在 1996—2000 年、2004—2008 年较大，草甸湿地面积最大在 1998 年，最小在 2015 年，其面积为 18735.84hm²。沼泽湿地面积整体呈波动下降趋势，在 1998—2000 年沼泽湿地面积有下降趋势，湿地生态脆弱性则有所增长。河流湖泊湿地总体面积变化趋势呈上升趋势，但上升幅度较小，其最小值为 1551.15hm²，最大值为 6010.30hm²，在 1998—2002 年湿地生态脆弱性呈上升趋势，而河流湖泊湿地则为波动下降趋势，在 2004—2007 年湿地生态脆弱性有下降趋势，反之河流湖泊湿地面积呈增加态势，说明湿地生态脆弱性与河流湖泊湿地间呈负相关关系。水库坑塘湿地在 1983—2015 年总体呈增长趋势，其面积最大为 5013.21hm²，在 1996—2002 年增长速度较为平缓，2002 年以后飞速增长，在 2004—2007 年有所回落，降至 3529.41hm²，且在近五年降至 2941.177hm²，在 1983—2002 年水库坑塘湿地面积呈增加趋势，而生态脆弱性在此阶段呈下降趋势。而盐田、养殖地整体呈上升趋势，在 2015 年其面积达最大，其值为 27201.12hm²。

运用灰色关联度对 1983—2015 年湿地生态环境脆弱性与湿地景观格局之间相关性进行量化分析，见表 7-6。

**表 7-6　　湿地景观格局与湿地生态环境脆弱性关联度**

| | 滩涂湿地 | 草甸湿地 | 沼泽湿地 | 河流湖泊湿地 | 水库坑塘湿地 | 盐田及养殖池 |
|---|---|---|---|---|---|---|
| 关联度 | 0.684 | 0.603 | 0.664 | 0.625 | 0.728 | 0.629 |

由表 7-6 可以看出，湿地生态环境脆弱性与湿地景观格局变化存有一定的关联性，由大到小依次为水库坑塘湿地、滩涂湿地、沼泽湿地、盐田及养殖地、河流湖泊湿地、草

甸湿地。这些湿地是湿地生态系统的重要组成部分，自然环境及人类过度干扰活动造成湿地生态环境脆弱程度加重，脆弱的生态环境使湿地生态系统受到影响，从而使湿地景观格局遭到破坏，致使其面积逐渐减小甚至消失。因此需要保护与修复湿地脆弱生态环境，以防止湿地生态系统及系统内各组成部分遭到不同程度的损害。

# 8 湿地生态系统功能淹没损失评估分析

特大自然灾害对生态系统有着巨大的影响，而对环境造成的影响则直接关乎着社会经济发展。在发生特大自然灾害的年份，地区粮食减产、居民房屋毁坏，当地经济受到影响，严重者甚至出现经济倒退，区域生态环境也受到不同程度的毁坏。良好的生态环境不仅能促进经济发展，也能维持当地的秩序。近几年，随着科技的进步，人们对自然灾害的抵御能力在不断提升，但面对特大自然灾害，仍缺乏较为有效的防御措施。

湿地区域居民为保障自身的生产活动，自发地修建和增补生产堤，虽然生产堤可以将每年都要面临的淹没损失变为只有大量级的洪水才能漫滩造成的损失，给居民生产活动提供了一定的稳定性保障，但生产堤的过度修建使洪水的流动范围仅限于河道主槽之内，阻断了滩地和主槽泥沙淤积的平衡，导致主槽泥沙不断淤积，河床不断抬高，从而产生滩地低洼的“二级悬河”现象。这导致原本大量级洪水才会造成的漫滩现象变成汛期的小型洪水就能使湿地淹没，这不仅对黄河防汛带来了极大的挑战，对居民的安危也造成了威胁，也导致湿地脆弱的生态系统频繁遭受洪水灾害，难以恢复的同时还可能造成生态退化甚至不可逆的损害。不仅如此，生产堤的修建使得居民能开垦更多的土地，对湿地生态系统更是一种破坏。洪水漫滩后，新乡黄河滩涂湿地作为消纳洪水的第一道屏障，起到了至关重要的作用。但湿地经济在洪灾中受到了不同程度的破坏，湿地生态系统也受到了不同程度的影响。本书以2019年新乡黄河滩涂湿地地形为基础，以“82・8”黄河特大洪水灾害为原型，概化出不同洪峰流量的洪水灾害。利用MIKE 21软件模拟不同量级的洪水漫滩过程，将模拟结果整理并以洪水演进时间为单位，分批次导入至GIS中，与新乡黄河滩涂湿地土地利用图进行空间叠加分析，获取洪水灾害淹没情况。同时基于第5章湿地生态系统服务价值指标体系，提取与各类土地属性相关的指标组成湿地生态系统功能淹没损失评估体系，并耦合MIKE 21软件模拟洪水淹没情况计算价值损失，分析洪水灾害对湿地生态系统造成的影响，如图8-1

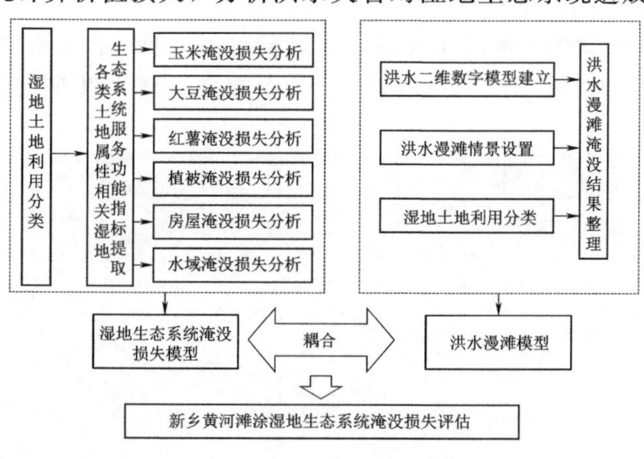


图8-1 耦合评估模型示意图

所示。为面对未来洪水灾害做出相应防范措施，控制损失提供理论依据。

## 8.1 洪水模型构建

构建 MIKE 21 水动力模型，需要综合考量模型精度、计算时间等方面因素，主要包括数据收集与处理（网格划分、高程插值构造）、模型建立（定义初始边界、糙率率定）、运行模型及结果解析和呈现。

构建 MIKE 21 水动力模块主要包括下列数据：

（1）高程数据：通过研究区河道及湿地高程数据，构造研究区地形并导入 MIKE 软件中进行插值。该类数据可以是数字高程数据（DEM）、地图软件高程提取、CAD 等。本研究高程数据获取来自于 CAD 和地图高程提取。

（2）水文数据：用于河道及湿地初始边界的构造和设定，包括流量、水位以及风向等。本研究主要获取流量、风向以及定义初始边界。

（3）糙率：作为 MIKE 21 模型中较为重要的参数之一，实际考察中若难以获取到糙率的实测数据，通常根据历史水文数据，进行模型糙率参数率定，进而获取糙率。本研究根据已知水文数据资料对模型结果进行率定，从而获取糙率值。

（4）其他：风向、潮汐、波浪等数据。

通过对上述前期数据的收集和处理，选取黄河滩涂湿地及新乡黄河滩涂湿地河段导入 MIKE 21 模型中构建模型。

### 8.1.1 计算区域

通过卫星遥感影像，选取新乡黄河滩涂湿地段黄河河段及湿地作为模拟范围，总面积 22780hm$^2$，地理坐标为东经 114°17′47″～114°43′17″，北纬 34°54′13″～34°56′59″。利用经纬度及投影带换算公式与建模区域所处 UTM 分区，投影分带采用研究区域所处经度除以 6 后取整数，然后再加上 31，故研究区所处通用横轴墨卡托投影（UTM）区域为 UTM50。在后续模型建立中，相关坐标点数据投影格式一致使用 WGS _ 1984 _ UTM _ ZONE _ 50N 通用投影坐标系统。

研究区段下游断面紧邻夹河滩水文站，通过黄河水情网、相关水资源公报和《黄河水沙时空图谱》获取模型需要的相关数据以及模型率定。新乡黄河滩涂湿地建模范围如图 8-2 所示。

图 8-2　新乡黄河滩涂湿地段建模范围

### 8.1.2 网格剖分

区域网格化是搭建模型和影响二维模型运行计算和结果的基础和重要步骤，因此，为了能更好地优化网格生成和调整，本次研究区滩涂湿地段模拟采用非结构三角形网格。本次模拟中，共生成节点数 2945 个，网格数 4935 个，网格剖析图如图 8－3 所示。由于滩涂湿地为主要研究目标，故对其利用 Mesh Generator 的网格加密操作对湿地部分进行网格加密。新乡黄河滩涂湿地段的地形高程 DEM 通过地理空间数据云获取，并通过 BIG MAP 地图 DEM 高程提取进行修正。统一使用 1985 高程，并利用克里金插值法对研究区高程进行插值，地形插值图如图 8－4 所示。

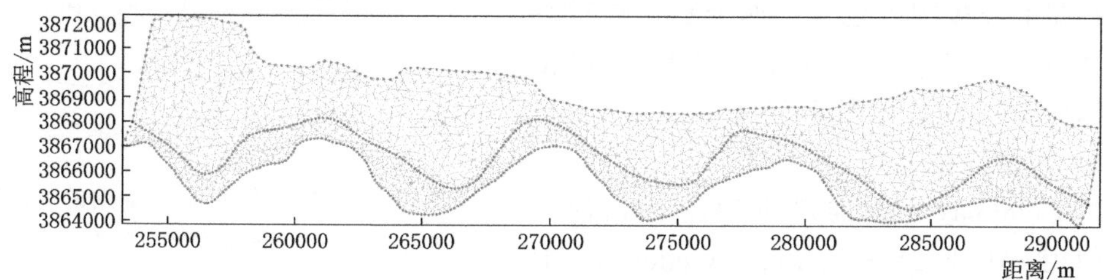


图 8－3　新乡黄河滩涂湿地段网格剖析

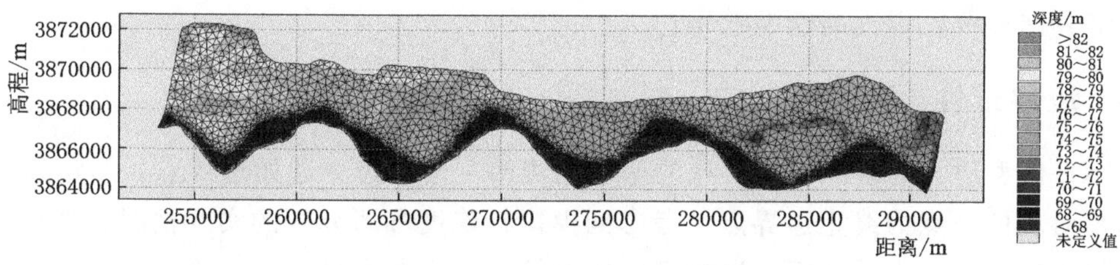


图 8－4　新乡黄河滩涂湿地段地形插值

### 8.1.3 网格优化

#### 8.1.3.1 LOP 网格优化方法

模型模拟分析中，网格质量对模型精准度及运行成功与否至关重要。Delaunay 非结构三角网格化是计算几何的重要研究方法，其具有计算简便、网格质量高的优点，被广泛应用于网格研究领域中。Delaunay 非结构三角网格需要满足两种准则：一是空外接圆准则，即 Delaunay 三角网中的任意一个三角形的外接圆内部均不包含点集中的其他任何点，使得 Delaunay 三角网是唯一的；二是最大化最小角准则，即在离散点集合可能形成的所有三角中，Delaunay 三角所形成的三角形的最小角角度最大。

LOP 网格局部优化算法是基于 Delaunay 网格最大化最小角准则，把三角网经过 LOP 优化处理后，确保所形成的三角网为 Delaunay 三角网。优化计算过程体现为交换两个相邻三角形所组成的凸四边形的对角线，保留短的那条对角线，使三角网中所有三角形的最小角度最大化。网格优化数学计算原理如下：

给定欧式空间 $E^d$ 中互不重合的 $n$ 个点组成的点集 $P=\{p_1, p_2, \cdots, p_n\}$，对每个 $p_i \in P$，其附近总有连续空间 $V(p_i)$，满足：

$$V(p_i)=\{x: |p_i-x| \leqslant |p_j-x|, \forall j \neq i\} \tag{8-1}$$

式中 $V(p_i)$——为点 $p_i$ 的 Voronoï 元（Voronoï cell）。

LOP 网格优化算法步骤如下：

（1）把具有共边的两个相邻三角形组成为一个四边形。

（2）以空外接圆准则为依据，判断三角形的外接圆内是否包含点集中的其他任何点。

（3）如果外接圆内包含第四个点，则对原来的对角线进行交换后，就完成了 LOP 优化过程。LOP 网格优化如图 8-5 所示。

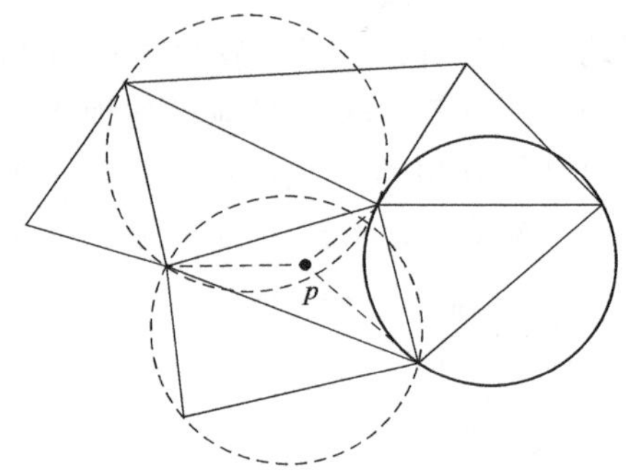


图 8-5 基于 Delaunay 准则的 LOP 网格优化

#### 8.1.3.2 网格优化结果

运用 Delaunay 网格准则的 LOP 网格优化理论，使用 MIKE 21 模块 Mesh Generator 中 Mesh Editing 功能及网格调试工具对模型网格进行优化处理。通常认为，三角形非结构型网格最小角度不低于 30°则网格质量较优。对不符合计算几何准则且运算时间较长的网格进行局部算法修改，以提高模型效率。

### 8.1.4 边界条件

MIKE 模型边界通常以模型区域的岸线左边第一个节点为起始边界点，沿岸线至另一几何边界对应的节点为终止边界点。考虑到模拟精确度和研究区的实际情况，选取研究区下游边界为夹河滩水文站断面，以模型区域左侧第一个节点处为上边界。

MIKE 21 水动力模块共包含六种边界形式，分别为：可滑动陆地边界；无滑动陆地边界；速度边界，需要设定 $x$ 方向和 $y$ 方向上的流速，单位为 m/s；通量边界，采用通量表示，即速度在深度上的积分，单位为 $m^2/s$；水位边界，采用边界处的表面高程表示，单位为 m；流量边界，采用过流断面单位时刻的总流量表示，单位为 $m^3/s$。

根据 MIKE 21 模型的收敛定义，通常上游采用流量边界数据、下游采用水位边界数据模型更易稳定收敛。边界设置如图 8-6 所示。

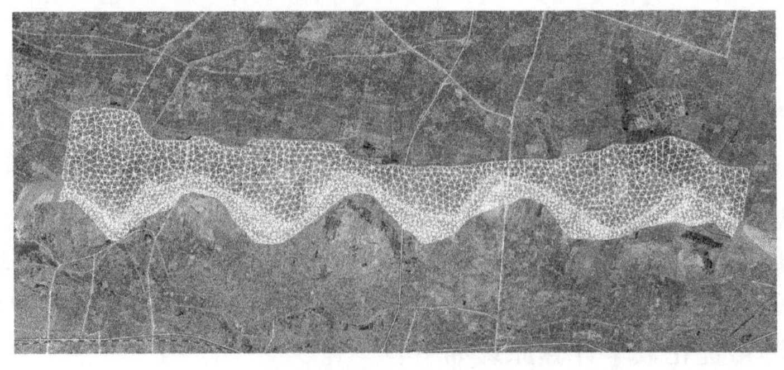

图 8-6 新乡黄河滩涂湿地段边界情况

根据夹河滩水文站“82·8”黄河特大洪水实测数据进行模型验证，将“82·8”黄河特大洪水夹河滩水文站实测数据导入到 MIKE Zero 的 Time Series 时间序列工具中，制作洪水序列文件。“82·8”黄河特大洪水序列如图 8-7 所示。

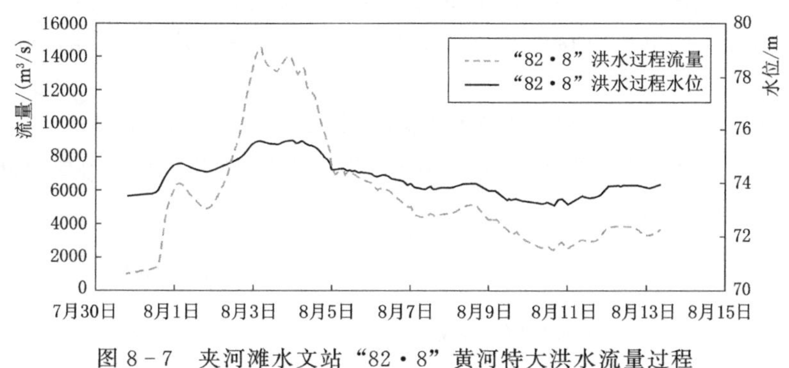


图 8-7 夹河滩水文站“82·8”黄河特大洪水流量过程

### 8.1.5 参数设置及率定

网格剖析之后，进一步决定模型的构建时长和精确性的是在计算前所选择的二维模型的格式精度。在 MIKE 21 FM 中，有高阶（Higher order）和低阶（Lower order）两种计算方式。一般来说，低阶运行计算属于一阶精度，计算速度较快，但模型精度稍微粗糙；高阶运行计算则为二阶精度，一般来说计算精度更高一些，但耗时会更久。

本研究主要模拟新乡黄河滩涂湿地在洪水来袭时的洪水漫滩情况，时间积分和空间离散均采用二维模型格式，精度均为一阶的计算精度。

#### 8.1.5.1 时间参数设定

在 MIKE 21 FM 中，采用显式法来表现时间积分和传输（扩散）。其中，*CLF*（Courant Friedrich Levy）参数是影响模型运行稳定性的核心参数之一，其与网格计算面积互为负相关，与运行模型时长成正相关。因此，为了确保模型正常运行和提高精度，需要反复率定调整 *CLF* 参数。浅水方程在笛卡尔坐标下的 *CFL* 数为

$$CLF=(\sqrt{gh}+|u|)\frac{\Delta t}{\Delta x}+(\sqrt{gh}+|v|)\frac{\Delta t}{\Delta y} \tag{8-2}$$

式中 $h$——网格中心为重的总水深；

$u$ 和 $v$——网格中心位置的流速在 $x$、$y$ 方向分量；

$\Delta x$、$\Delta y$——$x$、$y$ 方向上的网格长度，近似为网格单元最小边长；

$\Delta t$——时间步长。

传输方程式在笛卡尔坐标的 *CFL* 数为

$$CLF=|u|\frac{\Delta t}{\Delta x}+|v|\frac{\Delta t}{\Delta y} \tag{8-3}$$

在单一水流条件下，要确保时间步长控制在波动范围中，令 *CFL* 数不大于 1，为保证模型精度和避免崩溃，本研究设定 *CFL* 数为 0.88。

#### 8.1.5.2 物理参数设定

(1) 干湿边界（Flood dry）：为防止模型计算出错而导致崩溃，设置干、湿网格边界

参数，设定干水深（Drying depth）$h_{dry}=0.005$m、淹没深度（Flooding water depth）$h_{flood}=0.05$m、湿水深（Wetting depth）$h_{wet}=0.1$m。满足 $h_{dry}<h_{flood}<h_{wet}$。

（2）密度（Density）：通常作用于三维模型构建运行，本研究采用 MIKE 21 二维模型模拟，故在运行中密度忽略不计。采用正压模式，即将密度水位定值。

（3）涡黏系数（Eddy Viscosity）：根据 Smagorinsky 公式推荐，确定涡黏系数为 0.28。

（4）时间步长（Time Step）：本次模拟时段为 1982 年 7 月 31 日 0 点至 8 月 14 日 0 点，共计 14d，步长设置为 3600s，即一小时一步，步数为 336 步。全程时间与局部时间步长关联如图 8-8 所示。

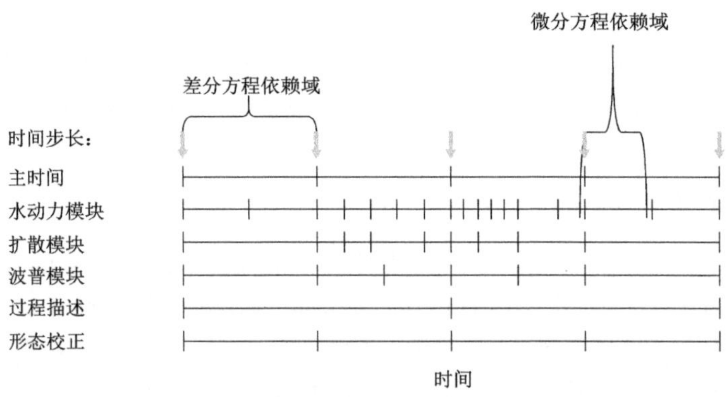


图 8-8 全程时间与局部时间步长关联

（5）床底摩擦力（Bed friction）：通常模型糙率有三种设置方法：①床底摩擦力；②谢才系数（ChezyNumber）；③曼宁数（Manning Number）。需要根据地形的差异来确定河道糙率。通过翻阅相关书籍，本研究利用 VBA 编程语言编写代码，以此来获取研究区糙率，如图 8-9 所示。通过键入糙率 $n$ 的取值范围，并结合地形文件，即可根据水深地形得出每个网格的糙率值，并输出曼宁系数场文件。

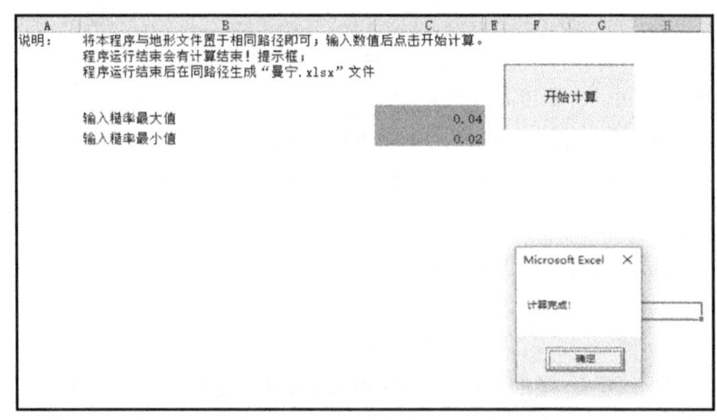


图 8-9 糙率场生成代码操作界面

使用水深文件和糙率场代码生成曼宁系数场文件，如图 8－10 所示，并用于糙率率定。

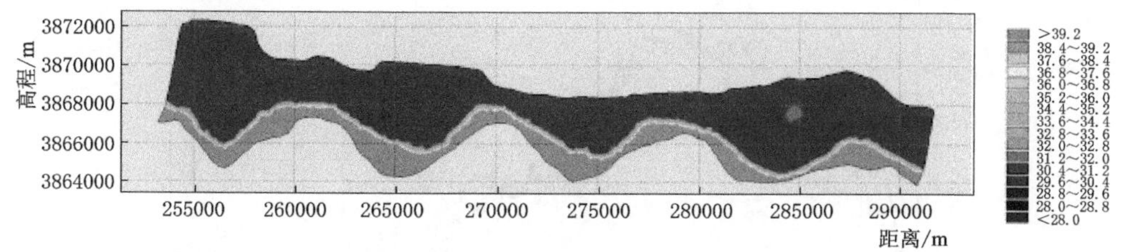


图 8－10　曼宁系数场

（6）科氏力（Coriolis force）：产生于地球自身和地球与天体间相互作用力，其确定公式为

$$f = 2\Omega \sin\varphi \tag{8-4}$$

式中　$f$——科氏力；

$\Omega$——地转角速度，为 $2\pi/(24\times3600)\ \mathrm{s}^{-1}$；

$\varphi$——纬度值，本研究位置位于北纬 35°。

根据公式（8－4）计算后的科氏力常数为 $8.35\times10^{-5}\mathrm{s}^{-1}$。

（7）风场（Wind Forcing）：考虑到模型模拟时间较短，风场作用效果可忽略不计。

（8）冰盖（Ice coverage）：模拟时间为夏令时，故不考虑结冰现象。

### 8.1.6　模型验证

选取“82·9”黄河特大洪水夹河滩水文站实测数据对模型进行率定和验证。夹河滩水文站位于河南省开封县刘店乡，地理坐标为东经 114°34′、北纬 34°54′。集水面积为 730913km²。在模型中的位置如图 8－11 所示。

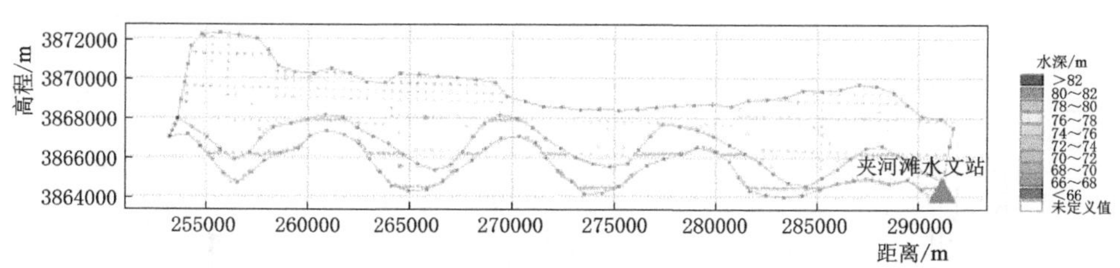


图 8－11　夹河滩水文站位置图

根据夹河滩实测水位和模型模拟结果进行比对，可以看出，实测值与模拟值变化趋势基本吻合，结果如图 8－12 所示，误差值如图 8－13 所示。

由图 8－12 可以看出，模型初期与实测数据吻合率较低，主要由于洪水来水波动性大，且模型初期对初始水位条件依赖性较高，导致偏差较大。随着时间推进，模拟数据逐渐稳定，和实测数据吻合度不断提高。由图 8－13 可以看出，模拟数值与实测值相对误差最大发生在 8 月 1 日，相对误差值为 0.55m，相对误差率为 0.74%。满足模型精确运行的要求，可信度较高，模型值与真实值贴合度较高。夹河滩水文站水位实测值与模拟值相对误差率如图 8－14 所示。

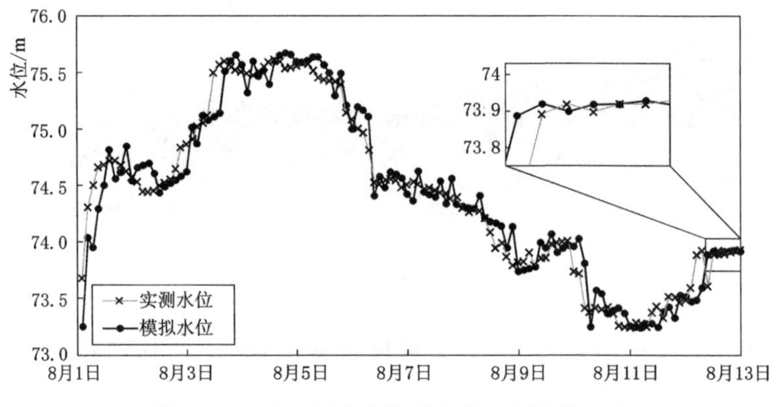


图 8-12　夹河滩水文站模拟值与实测值对比

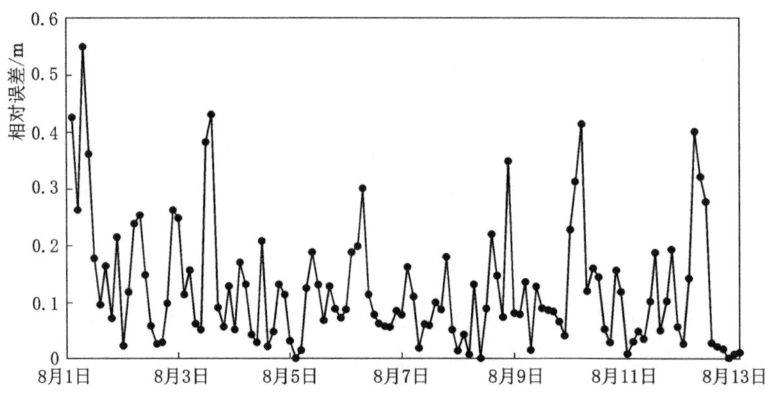


图 8-13　夹河滩水文站水位模拟值与实测值相对误差

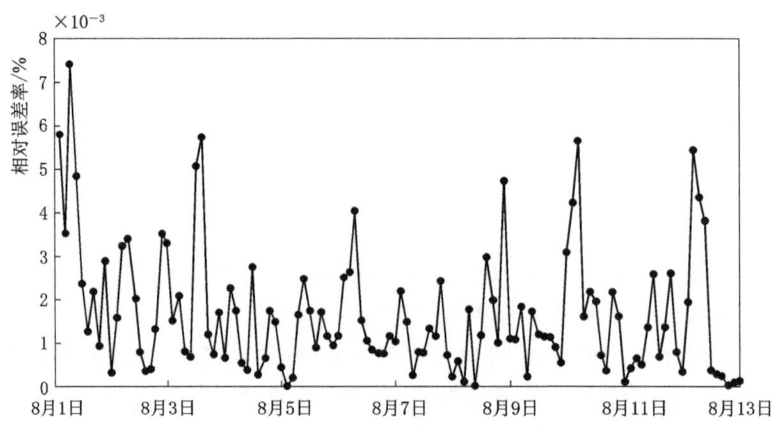


图 8-14　夹河滩水文站水位实测值与模拟值相对误差率

模型模拟水位和实测值有较好的吻合性，且生成的曼宁场也满足模型运算和要求，说明模型精度符合要求。

## 8.2 洪水过程设计

本研究以 1982 年黄河特大洪水为原型，选取洪峰前约 1000 $m^3/s$ 为开始至洪峰后流量回落至 2000 $m^3/s$ 左右，持续时间为 7 月 31 日至 8 月 13 日为模拟原型，期间洪水总量共 67.44 亿 $m^3$，输沙量约为 2.10 亿 t。通过将“82·8”特大洪水洪峰进行概化，分别得到五种不同洪峰值的黄河洪水序列。将其分别导入至 MIKE Zero 的 Time Series 时间序列工具中，制作洪水序列文件。地形数据根据 2019 年新乡黄河滩涂湿地状况为原型进行建模，水动力模块相关参数，例如时间参数、床底摩擦力等均按照相关要求进行设置。

五种情景具体情况如下：

情景一：模拟时间为 7 月 31 日至 8 月 13 日，洪峰前约 1000$m^3/s$ 为开始至洪峰后回落至 2000$m^3/s$ 左右截止，洪峰流量为 6000$m^3/s$。

情景二：模拟时间为 7 月 31 日至 8 月 13 日，洪峰前约 1000$m^3/s$ 为开始至洪峰后回落至 2000$m^3/s$ 左右截止，洪峰流量为 8000$m^3/s$。

情景三：模拟时间为 7 月 31 日至 8 月 13 日，洪峰前约 1000$m^3/s$ 为开始至洪峰后回落至 2000$m^3/s$ 左右截止，洪峰流量为 10000$m^3/s$。

情景四：模拟时间为 7 月 31 日至 8 月 13 日，洪峰前约 1000$m^3/s$ 为开始至洪峰后回落至 2000$m^3/s$ 左右截止，洪峰流量为 12000$m^3/s$。

情景五：模拟时间为 7 月 31 日至 8 月 13 日，洪峰前约 1000$m^3/s$ 为开始至洪峰后回落至 2000$m^3/s$ 左右截止，洪峰流量为 14000$m^3/s$。不同情景下洪水序列如图 8-15 所示。

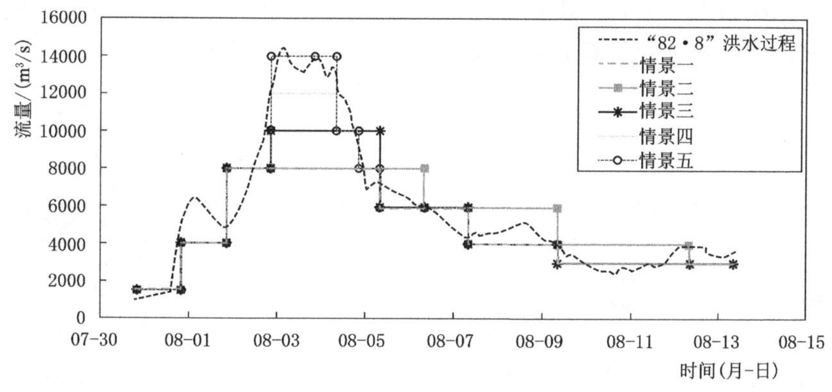


图 8-15 不同情景下的洪水序列

## 8.3 湿地生态系统功能淹没损失模型

### 8.3.1 模型设计

#### 8.3.1.1 湿地土地利用类型

地理信息系统（Geographic Information System，GIS）是综合了地理信息、测绘信

息、空间信息、环境信息等多种技术的新兴边缘学科，擅长处理复杂的地域信息，并通过可视化方式呈现出来，被广泛用于水利、测绘、地理等专业的数据处理和呈现。ArcGIS拥有其独特的六大特点：

(1) 需要良好的软硬件支持。在硬件如无人机、固态硬盘等，软件如Windows系统、图片处理软件、各类开发软件的协同配合下，才能提供良好的运算环境以便更好地输出结果。

(2) 多维的空间地形数据处理能力。通过经纬度、极坐标等多种世界公认的坐标系，结合实地探查获取的特征点，将复杂的空间信息转化为可视的数据，以待进一步分析研究。

(3) 强大的数据标准统一化能力。在实际操作过程中，获取数据的方式多种多样，使得得到的数据格式也是多种多样，从坐标系到高程系都存在偏差。通过GIS可以将多种格式坐标的数据标准统一化，减少后续研究分析因格式坐标不统一导致不必要的耗时耗力以及出错率。

(4) 更多元的分析结构。在二维平面坐标 $X$、$Y$ 的基础上，GIS可以通过添加额外信息形成立体的 $X$、$Y$、$Z$ 三维信息结构，从而具备更好的可视性。

(5) 多元的表达形式。GIS不只包含地理信息，还能加载与地理信息相关的额外因素，例如人口密度、环境污染、河海湖库等信息。

(6) 简便性。通过建立管理体系导入到GIS中，可以更好地管控复杂多变的空间信息，也为学者们提供了更宽广的研究道路。通过分析地理因素和相关信息，获取更丰富的地理信息，从而实现一些高难度的研究思路。

通过使用ArcGIS中的ArcMap可视化操作窗口，可以对矢量（shp）、栅格、切片地图等格式的数据进行处理，各格式详情如图8-16～图8-18所示。

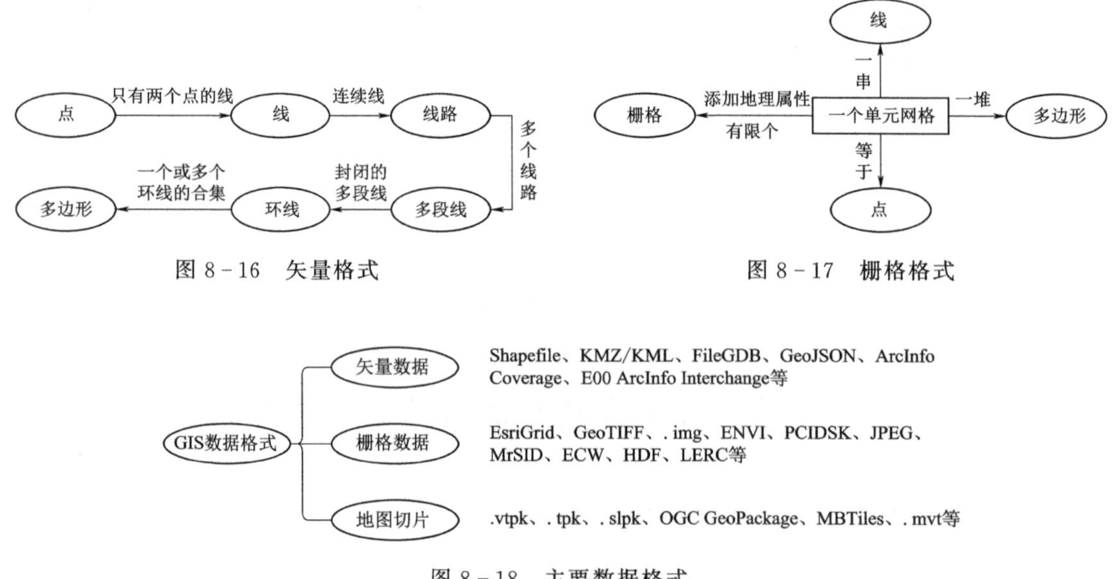


图8-16 矢量格式

图8-17 栅格格式

图8-18 主要数据格式

采用中国科学院地理科学与资源研究所提供的中国河南 30M 精度的栅格土地利用监测数据，将土地利用数据导入 GIS 中并使用工具箱的重分类功能对栅格数据进行整合。查阅相关文献并与封丘县相关部门进行沟通，发现新乡黄河滩涂湿地近两年无较为明显的面积变化，因此使用大疆御 MavicPro 型号无人对新乡黄河滩涂湿地进行实地航拍获取湿地现况，用来对 2019 年新乡黄河滩涂湿地土地利用信息进行数据修正。根据新乡黄河滩涂湿地卫星影像及实地考察，湿地主要经济类型为农业经济。农业耕种包括夏粮及秋粮，主要种植小麦、大豆、玉米及红薯。夏粮多为小麦，占耕种面积的 26%左右。秋粮则以大豆、玉米和红薯为主。考虑到夏粮收割时间为 5—6 月，早于汛期洪水暴发时间，故无须小麦进行淹没损失评估。最终将新乡黄河滩涂湿地土地利用类型共分为房屋、旱地、滩地、水域、大豆（田）、玉米（田）、红薯（田）、植被八大类。考虑到模拟情景时不考虑小麦的损失，因此将小麦田列入到旱地用地类型中。2019 年新乡黄河滩涂湿地土地利用如图 8 - 19 所示。各用地面积见表 8 - 1。

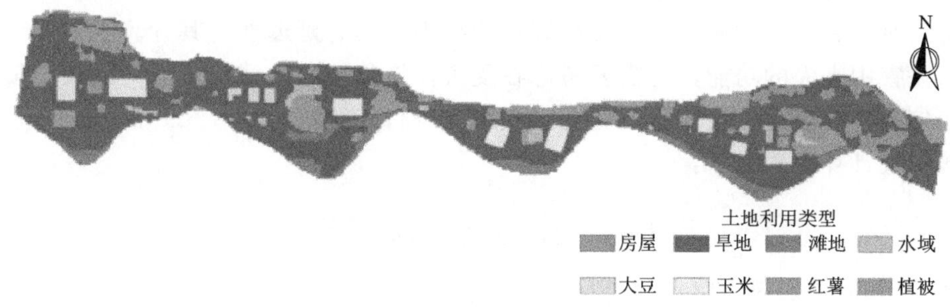


图 8 - 19　新乡黄河滩涂湿地土地利用

**表 8 - 1　各用地面积统计**

| 用地类型 | | 面积/$hm^2$ | 占比/% |
|---|---|---|---|
| 农田 | 玉米田 | 2672.82 | 11.73 |
| | 红薯田 | 136.92 | 0.60 |
| | 大豆田 | 76.15 | 0.33 |
| | 小计 | 2885.88 | 12.67 |
| 植被 | | 3795.15 | 16.66 |
| 城镇 | | 3276.16 | 14.38 |
| 水域 | | 1672.05 | 7.34 |
| 滩地 | | 2784.28 | 12.22 |
| 旱地 | | 8366.48 | 36.73 |
| 总计 | | 22780 | 100 |

#### 8.3.1.2　湿地生态系统损失模型

洪水漫滩后，由于地形原因，湿地各处会出现不同的淹没水深和时长，造成不同程度的破坏。而破坏的对象不同，对湿地生态系统造成的损失类型也不相同，本研究基于不同地物属性，将损失类型分为直接损失和间接损失。

直接损失是洪水造成的受灾体本身的破坏，是静态、表现为实物的损失，其造成的损失直接影响湿地生态系统服务价值，例如农作物及渔产品。

直接损失计算公式如下：

$$R_{直}=\sum_{i=1}^{n}\sum_{j=1}^{m}W_{i}\eta_{ij}A_{ij} \tag{8-5}$$

式中 $R_{直}$——直接损失价值；

$W_i$——第 $i$ 种产物年产值；

$\eta_{ij}$——$j$ 级水深下，第 $i$ 种产物的损失率；

$A_{ij}$——$j$ 级水深下，第 $i$ 种产物的淹没面积；

$n$——产物种类；

$m$——淹没水深等级。

间接损失主要是由于受灾体被破坏而导致其不能再发挥相应的功能所造成的损失。现阶段主要有两个方向来评估间接损失，其一是从受灾体经济核算出发计算；第二种是从洪灾损失持续时间和空间传播方面出发计算。间接损失具有延迟性，其计算不仅要考虑受灾体在洪水灾害中丧失的功能，还需要考虑在受灾体恢复至灾前情况下的时间段的损失。因此，采用倍数计算法引入修正系数，对间接损失进行计算。

间接损失计算公式如下：

$$R_{间}=\sum_{i=1}^{x}\sum_{j=1}^{y}\sum_{k=1}^{z}Y_{ik}\mu_{ij}A_{ij}K \tag{8-6}$$

式中 $R_{间}$——间接损失价值；

$Y_{ik}$——第 $i$ 种土地类型所影响的第 $k$ 种功能指标的单位价值；

$\mu_{ij}$——$j$ 级水深下，第 $i$ 种土地属性的损失率；

$A_{ij}$——$j$ 级水深下，第 $i$ 种土地属性的淹没面积；

$x$——土地属性种类；

$y$——淹没水深；

$z$——功能指标种类；

$K$——修正系数，植被取 6，房屋损失取 3。

根据湿地土地利用情况，建立玉米、大豆、红薯、水域、房屋和植被的淹没损失模型，并基于第 3 章建立的湿地生态系统服务价值指标体系，提取农业指标、渔业指标、固碳释氧指标、净化水质指标、净化空气指标、气候调节指标、维持养分循环指标、维持生物多样性指标、休闲旅游指标构成湿地生态系统功能淹没损失指标体系，并结合各类土地属性淹没损失模型组成湿地生态系统功能淹没损失评估模型。不同土地属性及指标相关关系如图 8－20 所示。

### 8.3.2 洪灾损失率分析

#### 8.3.2.1 洪灾损失率

洪灾损失率是衡量洪水对陆地实物造成破坏程度的表现，通常为受灾体的实际损失量和受灾体正常情况下的实际价值的比值。

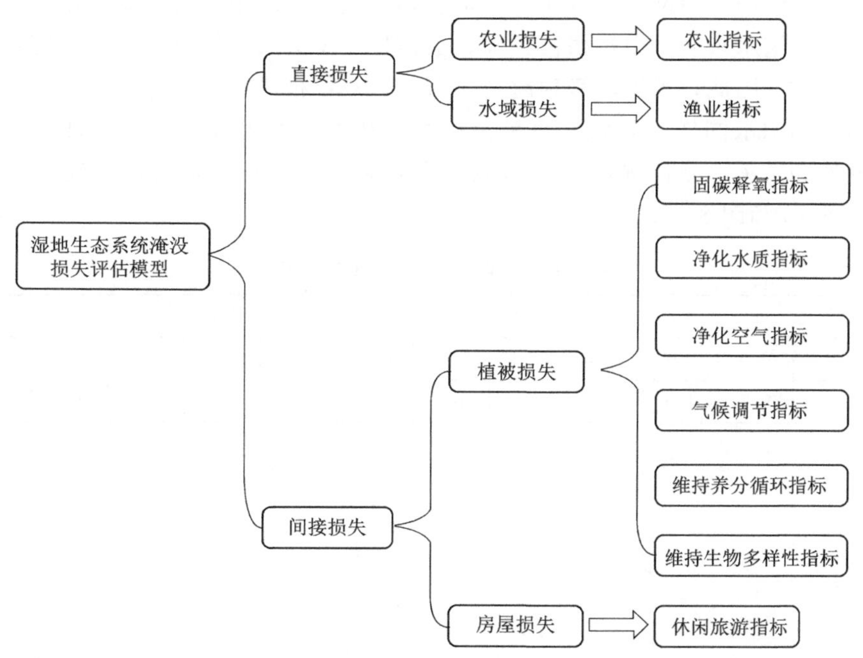


图 8-20 湿地生态系统功能淹没损失评估模型

洪灾损失率本身受到多方面的影响，例如洪灾区地形地貌、洪水淹没水深、淹没时长、受灾体种类、洪灾暴发季节、赈灾措施等。本研究根据洪水淹没水深、淹没时长以及受灾体种类，建立新乡黄河滩涂湿地土地利用类型的洪灾损失率。

#### 8.3.2.2 农业淹没损失分析

农业淹没损失对研究区种植的玉米、大豆、红薯三种农作物进行研究，根据Dushmanta等对洪水淹没损失的研究，并采用水利部黄河水利委员会提出的《黄河下游防洪工程体系减灾效益分析方法及计算模型研制报告》中的农作物淹没损失率进行修正，得到新乡黄河滩涂湿地三种主要农作物在不同淹没水深和不同淹没时长下的损失率。

(1) 玉米淹没损失模型。玉米是新乡黄河滩涂湿地的主要农作物之一，种植面积广且产量较高，同样也是洪水漫滩损失风险最大的作物。本研究洪水模型时间选在8月中上旬，该时间段玉米处在抽雄期，在水深0.5m左右，淹没时长一天起就会造成减产。但由于玉米为高秆农作物，当淹没水深较低、时间较短时，根系尚未缺氧被破坏，玉米的损失较小，随着淹没水深和时长的增加，玉米损失率上涨较快。分析湿地及相邻地区玉米淹没损失相关资料，得到玉米淹没损失率，详见表8-2和图8-21。

表 8-2 不同水深、时长下玉米淹没损失率

| 水深/m | 0.5 | | | 1.0 | | | 1.5 | | | ≥1.5 | | |
|---|---|---|---|---|---|---|---|---|---|---|---|---|
| 时长/d | 0～2 | 2～4 | 4～6 | 0～2 | 2～4 | 4～6 | 0～2 | 2～4 | 4～6 | 0～2 | 2～4 | 4～6 |
| 损失率/% | 12.75 | 54.63 | 88.24 | 53.45 | 84.45 | 99.65 | 97.5 | 100 | 100 | 98.6 | 100 | 100 |

(2) 大豆淹没损失模型。大豆属于旱地作物，且由于其根系较浅，根苗低矮，故对洪涝抗性极差。当洪水来袭，漫过根苗顶部，豆苗根系就会因为缺氧导致上部萎蔫，严重的甚至会直接死亡。因此，当洪水漫顶超过一天，大豆苗极难存活，即便有些没有漫顶，但洪水过后的田间积水同样会导致大豆根苗腐烂，从而影响生存几率。而且，大豆在受渍后，极难分枝和结荚。分析湿地及相邻地区大豆淹没损失相关资料，得到大豆淹没损失率，详见表 8-3 和图 8-22。

**表 8-3　　不同水深、时长下大豆淹没损失率**

| 水深/m | 0.5 | | | 1.0 | | | 1.5 | | | ≥1.5 | | |
|---|---|---|---|---|---|---|---|---|---|---|---|---|
| 时长/d | 0～2 | 2～4 | 4～6 | 0～2 | 2～4 | 4～6 | 0～2 | 2～4 | 4～6 | 0～2 | 2～4 | 4～6 |
| 损失率/% | 95.23 | 100 | 100 | 99.65 | 100 | 100 | 100 | 100 | 100 | 100 | 100 | 100 |

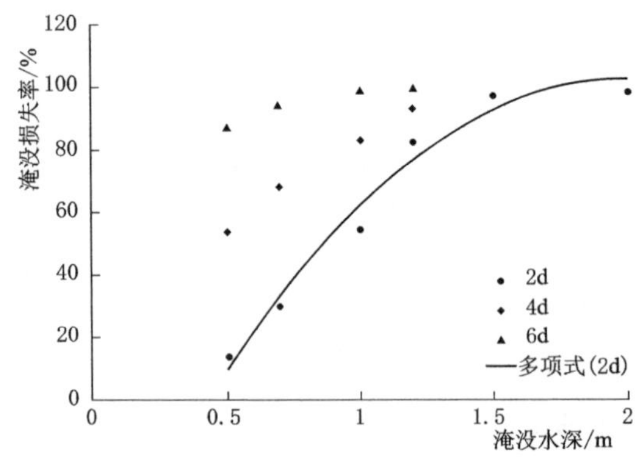


图 8-21　玉米淹没水深—损失率关系曲线

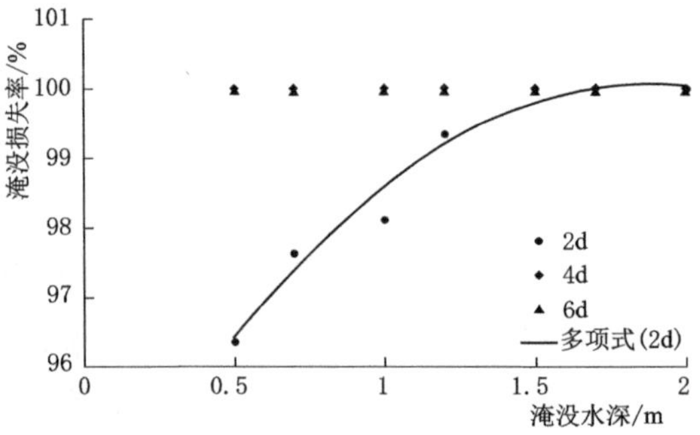

图 8-22　大豆淹没水深—损失率关系曲线

(3) 红薯淹没损失模型。红薯是一年生草本植物，结果位于地下，地上根苗低矮。当洪水来袭，红薯根部容易出现缺氧导致烂薯。不仅如此，洪涝会使红薯叶片衰黄，缺乏养分从而导致减产。洪水过后高温高湿环境也容易滋生病菌，进一步降低红薯生存率。分析湿地及相邻地区红薯淹没损失相关资料，得到红薯淹没损失率，详见表 8-4 和图 8-23。

**表 8-4　　不同水深、时长下红薯淹没损失率**

| 水深/m | 0.5 | | | 1.0 | | | 1.5 | | | ≥1.5 | | |
|---|---|---|---|---|---|---|---|---|---|---|---|---|
| 时长/d | 0～2 | 2～4 | 4～6 | 0～2 | 2～4 | 4～6 | 0～2 | 2～4 | 4～6 | 0～2 | 2～4 | 4～6 |
| 损失率/% | 87.74 | 96.51 | 100 | 100 | 100 | 100 | 100 | 100 | 100 | 11 | 11 | 11 |

#### 8.3.2.3 水域淹没损失分析

新乡黄河滩涂湿地水域区域主要包括人工坑塘和自然水面，提供气候调节、固碳释氧、渔业养殖等功能。人工坑塘作为渔业养殖业基地，主要养殖鲤鱼、鲈鱼等淡水鱼类品种，自然水面主要依靠水自净能力、水生植物及微生物调控环境。洪水来袭主要导致水生植物遭到破坏以及养殖业养殖设施损坏、鱼苗及成鱼的流失，同时会携带病菌混入水域当中，造成鱼类及水生植物进一步伤亡。水域淹没损失详见表 8-5 和图 8-24。

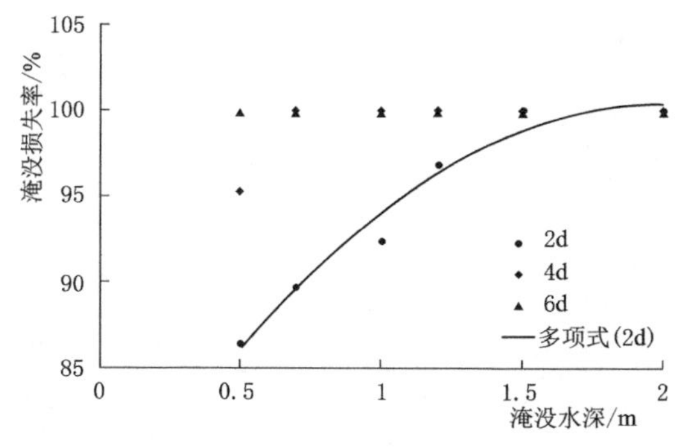


图 8-23　红薯淹没水深—损失率关系曲线

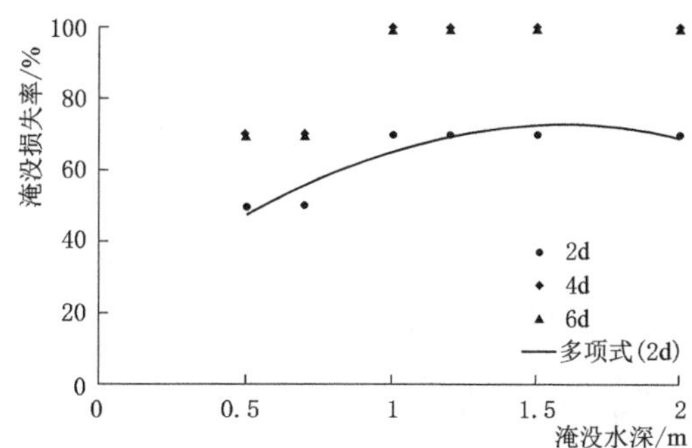


图 8-24　水域淹没水深—损失率关系曲线

**表 8-5　不同水深、时长下水域淹没损失率**

| 水深/m | 0.5 | | | 1.0 | | | 1.5 | | | ≥1.5 | | |
|---|---|---|---|---|---|---|---|---|---|---|---|---|
| 时长/d | 0～2 | 2～4 | 4～6 | 0～2 | 2～4 | 4～6 | 0～2 | 2～4 | 4～6 | 0～2 | 2～4 | 4～6 |
| 损失率/% | 50 | 70 | 70 | 70 | 100 | 100 | 100 | 100 | 100 | 100 | 100 | 100 |

#### 8.3.2.4　植被淹没损失分析

新乡黄河滩涂湿地主要种植杨树、柳树，该类树木品种扎根较深，抗洪性较强。即使淹没水深和时长都较大，植被损失率也很低。在洪水漫滩期间，植被还可以起到减缓洪水冲滩趋势，减少因洪水漫滩造成的损失。但当淹没时长过久时，植被会因根系无法呼吸导致根系缺氧进而造成植被营养不良，更易被病菌侵入，严重的甚至根系会腐烂，从而导致植被死亡。分析湿地及相邻地区植被淹没损失相关资料，得到植被淹没损失率，详见表 8-6 和图 8-25。

**表 8-6　不同水深、时长下植被淹没损失率**

| 水深/m | 0.5 | | | 1.0 | | | 1.5 | | | ≥1.5 | | |
|---|---|---|---|---|---|---|---|---|---|---|---|---|
| 时长/d | 0～2 | 2～4 | 4～6 | 0～2 | 2～4 | 4～6 | 0～2 | 2～4 | 4～6 | 0～2 | 2～4 | 4～6 |
| 损失率/% | 0 | 0 | 7.01 | 0 | 4.79 | 8.51 | 11 | 11 | 11 | 11 | 11 | 11 |

#### 8.3.2.5　房屋淹没损失分析

房屋主要包括村镇居民住房和景点相关建筑，不同于生物，建筑物抵御洪水的能力较强。低淹没水深时，短期内房屋基本无损坏。随着淹没水深和时长的增加，房屋根基在水中受到长时间的浸泡，逐渐变得脆弱和不稳定，大大提高了房屋损毁的风险，因此房屋损失率呈线性增长。考虑到景点及相关建筑和为游客提供住宿的民宿损坏都将影响旅游业，故本研究将房屋损失率作为影响休闲旅游指标的因素。分析湿地及相邻地区房屋淹没损失相关资料，得到房屋淹没损失率，详见表 8-7 和图 8-26。

**表 8-7　不同水深、时长下房屋淹没损失率**

| 水深/m | 0.5 | | | 1.0 | | | 1.5 | | | ≥1.5 | | |
|---|---|---|---|---|---|---|---|---|---|---|---|---|
| 时长/d | 0～2 | 2～4 | 4～6 | 0～2 | 2～4 | 4～6 | 0～2 | 2～4 | 4～6 | 0～2 | 2～4 | 4～6 |
| 损失率/% | 3.01 | 3.58 | 27.94 | 3.45 | 27.03 | 37.75 | 39.23 | 39.23 | 39.23 | 39.23 | 39.23 | 39.23 |

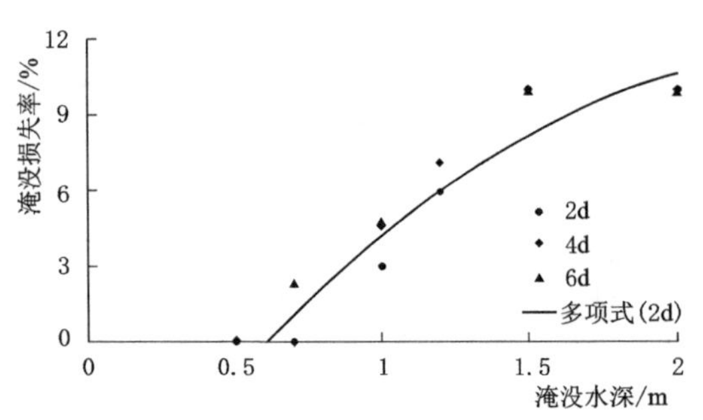


图 8-25　植被淹没水深—损失率关系曲线

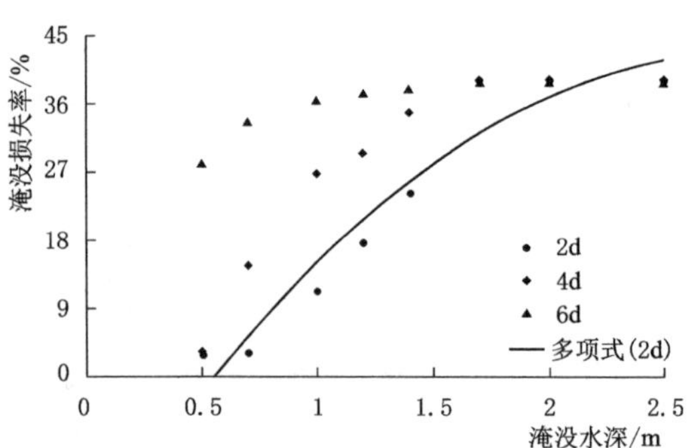


图 8-26　房屋淹没水深—损失率关系曲线

## 8.4　洪水漫滩模型结果及淹没损失分析

本研究通过 MIKE 21 软件模拟新乡黄河滩涂湿地洪水演进情况，模拟时长为 13d，以 3600s 即一小时为一步长输出结果。每步长输出信息如图 8-27 所示。通过每步长结果可以获取新乡黄河滩涂湿地各处坐标及淹没水深，将每步长各点坐标处理成经纬度坐标，与水深数据一同整理为包含 X、Y、Z 信息的标准文件，通过“添加 XY 数据”功能导入至 GIS 中（见图 8-28），并与新乡黄河滩涂湿地土地利用图进行空间叠加，使用条件函数功能筛选各水深分布位置，从而获取各土地属性的淹没水深。将各步长信息结合分析，得到各土地属性不同淹没水深的淹没时长。

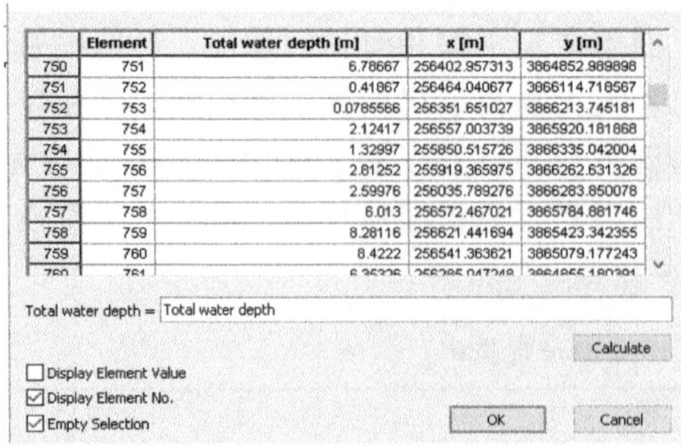

| | Element | Total water depth [m] | x [m] | y [m] |
|---|---|---|---|---|
| 750 | 751 | 6.78667 | 256402.957313 | 3864852.989898 |
| 751 | 752 | 0.41867 | 256464.040677 | 3866114.718567 |
| 752 | 753 | 0.0785566 | 256351.651027 | 3866213.745181 |
| 753 | 754 | 2.12417 | 256557.003739 | 3865920.181868 |
| 754 | 755 | 1.32997 | 255850.515726 | 3866335.042004 |
| 755 | 756 | 2.81252 | 255919.365975 | 3866262.631326 |
| 756 | 757 | 2.59976 | 256035.789276 | 3866283.850078 |
| 757 | 758 | 6.013 | 256572.467021 | 3865784.881746 |
| 758 | 759 | 8.28116 | 256621.441694 | 3865423.342355 |
| 759 | 760 | 8.4222 | 256541.363621 | 3865079.177243 |
| 760 | 761 | 6.35326 | 256285.047248 | 3864855.180391 |

Total water depth = Total water depth

Calculate

☐ Display Element Value
☑ Display Element No.
☑ Empty Selection

OK　Cancel

图 8-27　每步长水深数据示意图

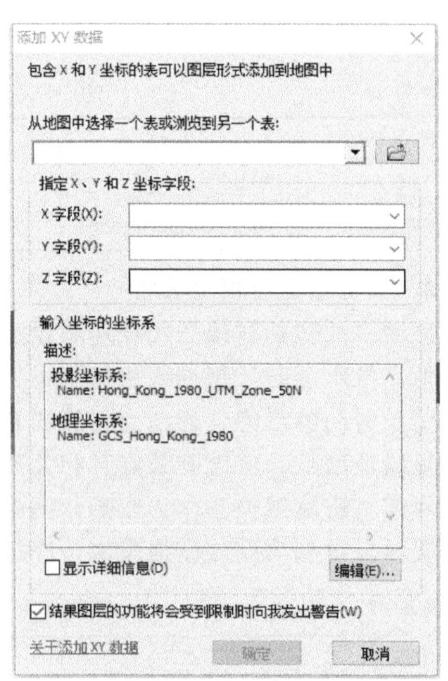


图 8-28　添加 XY 数据操作界面

### 8.4.1 淹没面积分析

湿地生态系统的量化损失主要由洪水受灾体无法再为生态系统提供相应的指标功能价值来计算。因此，明确受灾体种类、损失面积、损失程度是评估湿地生态系统功能淹没损失的重要前提，也为灾后重建提供基本受灾信息，从而能更高效率地进行灾后重建。不同情景洪峰流量模拟情况下，洪峰时刻漫滩和淹没水深如图 8-29 和图 8-30 所示。不同淹没水深、时长下土地属性淹没面积见表 8-8。

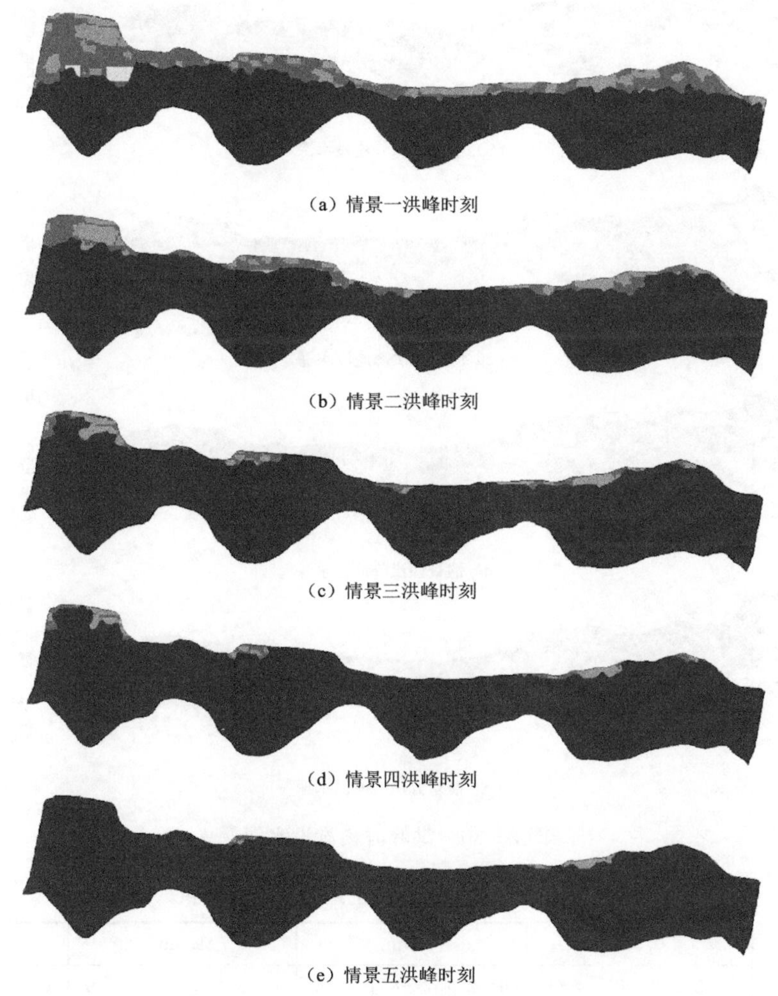

(a) 情景一洪峰时刻

(b) 情景二洪峰时刻

(c) 情景三洪峰时刻

(d) 情景四洪峰时刻

(e) 情景五洪峰时刻

图 8-29 不同情境洪峰时刻漫滩示意图

根据前文中的情境设置，情境一模拟中，当洪峰流量为 6000$m^3/s$ 时洪水发生漫滩情况，共淹没湿地面积 17118.45$hm^2$，占湿地总面积的 75.15%。其中，玉米田共淹没面积 2138.25$hm^2$，约占湿地区域总玉米田面积的 80%；大豆田共淹没面积 76.15$hm^2$，占湿地区域总大豆田面积的 100%；红薯田共淹没 119.80$hm^2$，约占湿地区域总红薯田面积的 87.5%；房屋共淹没面积 1310.46$hm^2$，约占湿地区域总房屋面积的 40%；植被共淹没面

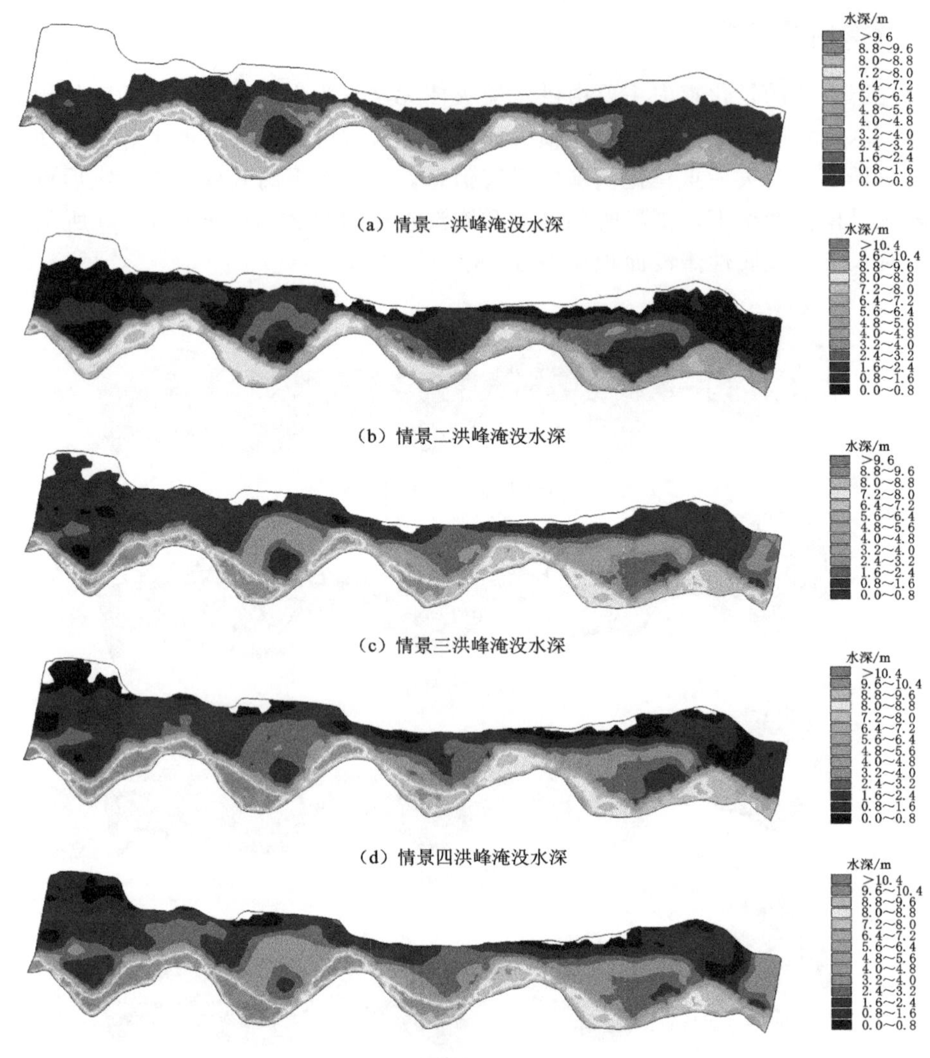


(a) 情景一洪峰淹没水深

(b) 情景二洪峰淹没水深

(c) 情景三洪峰淹没水深

(d) 情景四洪峰淹没水深

(e) 情景五洪峰淹没水深

图 8-30 洪峰时刻淹没水深

**表 8-8 不同淹没水深、时长下土地属性淹没面积**

| 水深 | | | 0.5m | | | 1.0m | | | 1.5m | | | ≥1.5m | | |
|---|---|---|---|---|---|---|---|---|---|---|---|---|---|---|
| 时长/d | | | 0~2 | 2~4 | 4~6 | 0~2 | 2~4 | 4~6 | 0~2 | 2~4 | 4~6 | 0~2 | 2~4 | 4~6 |
| 情景一 | 淹没面积/$hm^2$ | 玉米 | 128.30 | 346.40 | 267.28 | 245.90 | 318.60 | 209.55 | 145.40 | 271.56 | 205.27 | 0 | 0 | 0 |
| | | 大豆 | 3.81 | 59.39 | 12.94 | 0 | 0 | 0 | 0 | 0 | 0 | 0 | 0 | 0 |
| | | 红薯 | 9.58 | 14.38 | 23.96 | 3.59 | 8.39 | 0.00 | 11.74 | 24.56 | 23.60 | 0 | 0 | 0 |
| | | 房屋 | 170.36 | 471.77 | 275.20 | 48.49 | 259.47 | 85.18 | 0 | 0 | 0 | 0 | 0 | 0 |
| | | 植被 | 201.14 | 282.74 | 176.47 | 206.84 | 322.59 | 121.44 | 123.34 | 77.80 | 13.28 | 151.81 | 144.22 | 75.90 |
| | | 水域 | 305.99 | 325.05 | 310.33 | 413.00 | 217.37 | 100.32 | 0 | 0 | 0 | 0 | 0 | 0 |

续表

| 水深 | | | 0.5m | | | 1.0m | | | 1.5m | | | ≥1.5m | | |
|---|---|---|---|---|---|---|---|---|---|---|---|---|---|---|
| 情景二 | 淹没面积/hm² | 玉米 | 264.61 | 132.04 | 235.21 | 320.74 | 374.19 | 235.21 | 168.65 | 372.86 | 311.12 | 192.44 | 66.82 | 0.00 |
| | | 大豆 | 6.09 | 11.42 | 12.94 | 9.90 | 15.99 | 19.80 | 0.00 | 0.00 | 0.00 | 0.00 | 0.00 | 0.00 |
| | | 红薯 | 13.55 | 17.66 | 13.14 | 4.66 | 17.11 | 6.71 | 6.85 | 27.66 | 5.48 | 12.46 | 11.64 | 0.00 |
| | | 房屋 | 486.82 | 784.77 | 332.53 | 359.13 | 391.06 | 199.52 | 37.24 | 29.26 | 39.90 | 0.00 | 0.00 | 0.00 |
| | | 植被 | 318.53 | 438.37 | 189.23 | 312.22 | 551.91 | 227.07 | 173.46 | 145.07 | 72.54 | 409.99 | 280.69 | 34.69 |
| | | 水域 | 287.59 | 267.53 | 297.63 | 242.61 | 225.73 | 64.88 | 118.88 | 100.32 | 0.00 | 50.16 | 16.72 | 0.00 |
| 情景三 | 淹没面积/hm² | 玉米 | 141.93 | 116.00 | 200.73 | 262.20 | 269.95 | 229.86 | 256.59 | 407.07 | 323.41 | 224.52 | 128.30 | 112.26 |
| | | 大豆 | 5.95 | 11.18 | 7.77 | 10.52 | 22.04 | 18.69 | 0.00 | 0.00 | 0.00 | 0.00 | 0.00 | 0.00 |
| | | 红薯 | 6.50 | 11.58 | 3.26 | 3.30 | 6.33 | 4.07 | 1.99 | 17.05 | 4.67 | 29.30 | 36.01 | 12.87 |
| | | 房屋 | 351.79 | 769.36 | 228.81 | 248.83 | 527.97 | 260.27 | 144.15 | 131.56 | 82.94 | 82.66 | 31.75 | 0.00 |
| | | 植被 | 338.34 | 388.54 | 206.30 | 312.89 | 581.09 | 278.51 | 189.11 | 273.70 | 79.08 | 446.99 | 306.02 | 37.82 |
| | | 水域 | 284.25 | 267.53 | 210.68 | 222.38 | 212.35 | 50.16 | 190.61 | 108.68 | 0.00 | 83.60 | 41.80 | 0.00 |
| 情景四 | 淹没面积/hm² | 玉米 | 137.12 | 25.12 | 24.32 | 234.94 | 267.82 | 224.52 | 288.66 | 401.19 | 331.43 | 272.63 | 261.94 | 203.13 |
| | | 大豆 | 4.54 | 10.33 | 6.25 | 8.89 | 7.01 | 7.23 | 11.88 | 6.52 | 5.89 | 4.52 | 2.29 | 0.80 |
| | | 红薯 | 1.78 | 6.30 | 3.42 | 11.51 | 17.28 | 6.80 | 1.92 | 15.53 | 4.74 | 24.78 | 29.44 | 13.42 |
| | | 房屋 | 247.94 | 712.83 | 185.95 | 340.92 | 464.89 | 189.05 | 260.34 | 235.54 | 151.86 | 213.54 | 96.39 | 0.00 |
| | | 植被 | 205.46 | 158.31 | 146.00 | 179.42 | 383.47 | 284.97 | 263.86 | 631.85 | 135.45 | 489.02 | 531.23 | 109.06 |
| | | 水域 | 168.88 | 266.69 | 108.68 | 158.84 | 187.27 | 64.04 | 316.02 | 165.53 | 20.06 | 75.91 | 46.48 | 93.63 |
| 情景五 | 淹没面积/hm² | 玉米 | 85.53 | 17.11 | 19.51 | 191.11 | 242.16 | 198.06 | 289.47 | 393.17 | 327.15 | 331.43 | 316.19 | 261.94 |
| | | 大豆 | 3.66 | 7.13 | 5.35 | 7.28 | 7.69 | 4.42 | 11.35 | 7.61 | 6.73 | 6.07 | 5.34 | 3.59 |
| | | 红薯 | 1.92 | 5.89 | 3.15 | 6.87 | 8.91 | 3.46 | 2.26 | 19.21 | 6.00 | 25.18 | 40.51 | 13.55 |
| | | 房屋 | 19.50 | 308.75 | 133.25 | 308.75 | 532.99 | 308.75 | 375.69 | 121.22 | 208.32 | 384.79 | 307.12 | 240.82 |
| | | 植被 | 173.45 | 130.84 | 116.63 | 112.15 | 280.37 | 190.65 | 257.94 | 677.74 | 202.24 | 650.45 | 785.03 | 160.74 |
| | | 水域 | 118.72 | 166.37 | 80.26 | 142.12 | 165.87 | 59.02 | 366.18 | 265.86 | 53.51 | 79.26 | 79.92 | 94.97 |

积 1897.57hm²，约占湿地区域总植被面积的 50%；水域共淹没面积 76.15hm²，占湿地区域总水域面积的 100%；滩地共淹没 2784.28hm²，占湿地区滩地总面积的 100%；旱地共淹没 7119.87hm²，约占湿地区旱地总面积的 85.1%。

情景二模拟当中，当洪峰流量为 8000m³/s 时洪水发生漫滩情况，共淹没湿地面积 20627.49hm²，占湿地总面积的 90.55%。其中，玉米田共淹没面积 2672.82hm²，占湿地区域总玉米田面积的 100%；大豆田共淹没面积 76.15hm²，占湿地区域总大豆田面积的 100%；红薯田共淹没 136.92hm²，占湿地区域总红薯田面积的 100%；房屋共淹没面积 2660.24hm²，约占湿地区域总房屋面积的 81.2%；植被共淹没面积 3153.77hm²，约占湿地区域总植被面积的 83.1%；水域共淹没面积 1672.05hm²，占湿地区域总水域面积的 100%；滩地共淹没 2784.28hm²，占湿地区滩地总面积的 100%；旱地共淹没 7471.27hm²，约占湿地区旱地总面积的 89.1%。

情景三模拟当中，当洪峰流量为10000$m^3/s$时洪水发生漫滩情况，共淹没湿地面积21555.39$hm^2$，占湿地总面积的94.62%。其中，玉米田共淹没面积2672.82$hm^2$，占湿地区域总玉米田面积的100%；大豆田共淹没面积76.15$hm^2$，占湿地区域总大豆田面积的100%；红薯田共淹没136.92$hm^2$，占湿地区域总红薯田面积的100%；房屋共淹没面积2860.09$hm^2$，约占湿地区域总房屋面积的87.3%；植被共淹没面积3438.40$hm^2$，约占湿地区域总植被面积的90.60%；水域共淹没面积1672.05$hm^2$，占湿地区域总水域面积的100%；滩地共淹没2784.28$hm^2$，占湿地区滩地总面积的100%；旱地共淹没7914.69$hm^2$，约占湿地区旱地总面积的94.6%。

情景四模拟当中，当洪峰流量为12000$m^3/s$时洪水发生漫滩情况，共淹没湿地面积22133.60$hm^2$，占湿地总面积的97.16%。其中，玉米田共淹没面积2672.82$hm^2$，占湿地区域总玉米田面积的100%；大豆田共淹没面积76.15$hm^2$，占湿地区域总大豆田面积的100%；红薯田共淹没136.92$hm^2$，占湿地区域总红薯田面积的100%；房屋共淹没面积3099.25$hm^2$，约占湿地区域总房屋面积的94.6%；植被共淹没面积3518.10$hm^2$，约占湿地区域总植被面积的92.70%；水域共淹没面积1672.05$hm^2$，占湿地区域总水域面积的100%；滩地共淹没2784.28$hm^2$，占湿地区滩地总面积的100%；旱地共淹没8174.05$hm^2$，约占湿地区旱地总面积的97.7%。

情景五模拟中，当洪峰流量为14000$m^3/s$时洪水发生漫滩情况，共淹没湿地面积22638.30$hm^2$，占湿地总面积的99.38%。其中，玉米田共淹没面积2672.82$hm^2$，占湿地区域总玉米田面积的100%；大豆田共淹没面积76.15$hm^2$，占湿地区域总大豆田面积的100%；红薯田共淹没136.92$hm^2$，占湿地区域总红薯田面积的100%；房屋共淹没面积3249.95$hm^2$，约占湿地区域总房屋面积的99.21%；植被共淹没面积3738.22$hm^2$，约占湿地区域总植被面积的98.53%；水域共淹没面积1672.05$hm^2$，占湿地区域总水域面积的100%；滩地共淹没2784.28$hm^2$，占湿地区滩地总面积的100%；旱地共淹没8307.92$hm^2$，约占湿地区域旱地总面积的99.33%。

### 8.4.2 湿地生态系统功能淹没损失评估

结合前文对各类土地属性的淹没损失率的分析，计算洪水漫滩造成的新乡黄河滩涂湿地生态系统服务价值损失，详见表8-9。

表8-9 湿地生态系统服务价值淹没损失

| 指标种类 | | 0～2d损失/万元 | 占比/% | 0～4d损失/万元 | 占比/% | 0～6d损失/万元 | 占比/% |
|---|---|---|---|---|---|---|---|
| 情景一 | 农业指标 | 357.80 | 10.99 | 1271.17 | 15.09 | 2061.56 | 16.51 |
| | 渔业指标 | 1200.80 | 36.89 | 2409.23 | 28.59 | 3271.77 | 26.20 |
| | 固碳释氧 | 32.61 | 1.00 | 65.23 | 0.77 | 97.84 | 0.78 |
| | 净化水质 | 147.15 | 4.52 | 382.73 | 4.54 | 550.38 | 4.41 |
| | 净化空气 | 3.86 | 0.12 | 10.03 | 0.12 | 14.42 | 0.12 |
| | 气候调节 | 413.69 | 12.71 | 1075.98 | 12.77 | 1547.28 | 12.39 |
| | 维持养分循环 | 210.75 | 6.47 | 548.14 | 6.51 | 788.24 | 6.31 |

续表

| 指标种类 | | 0～2d 损失/万元 | 占比/% | 0～4d 损失/万元 | 占比/% | 0～6d 损失/万元 | 占比/% |
|---|---|---|---|---|---|---|---|
| 情景一 | 维持生物多样性 | 817.36 | 25.11 | 2125.89 | 25.23 | 3057.06 | 24.48 |
| | 休闲旅游 | 70.87 | 2.18 | 537.69 | 6.38 | 1099.34 | 8.80 |
| | 总计 | 3254.89 | 100.00 | 8426.08 | 100.00 | 12487.89 | 100.00 |
| 情景二 | 农业指标 | 669.25 | 11.45 | 1726.84 | 12.38 | 2569.16 | 13.50 |
| | 渔业指标 | 1311.02 | 22.42 | 2750.71 | 19.72 | 3492.81 | 18.35 |
| | 固碳释氧 | 173.94 | 2.97 | 419.07 | 3.00 | 548.31 | 2.88 |
| | 净化水质 | 300.19 | 5.13 | 723.26 | 5.19 | 946.31 | 4.97 |
| | 净化空气 | 7.87 | 0.13 | 18.95 | 0.14 | 24.80 | 0.13 |
| | 气候调节 | 843.94 | 14.43 | 2033.30 | 14.58 | 2660.37 | 13.98 |
| | 维持养分循环 | 429.93 | 7.35 | 1035.83 | 7.43 | 1355.28 | 7.12 |
| | 维持生物多样性 | 1667.43 | 28.52 | 4017.33 | 28.80 | 5256.27 | 27.62 |
| | 休闲旅游 | 443.24 | 7.58 | 1222.53 | 8.77 | 2176.54 | 11.44 |
| | 总计 | 5846.82 | 100.00 | 13947.82 | 100.00 | 19029.84 | 100.00 |
| 情景三 | 农业指标 | 751.74 | 11.19 | 1805.31 | 11.11 | 2725.92 | 12.59 |
| | 渔业指标 | 1553.68 | 23.13 | 3047.87 | 18.76 | 3584.68 | 16.56 |
| | 固碳释氧 | 187.70 | 2.79 | 479.13 | 2.95 | 628.02 | 2.90 |
| | 净化水质 | 323.94 | 4.82 | 826.91 | 5.09 | 1083.88 | 5.01 |
| | 净化空气 | 8.49 | 0.13 | 21.67 | 0.13 | 28.40 | 0.13 |
| | 气候调节 | 910.69 | 13.56 | 2324.69 | 14.31 | 3047.14 | 14.07 |
| | 维持养分循环 | 463.94 | 6.91 | 1184.28 | 7.29 | 1552.32 | 7.17 |
| | 维持生物多样性 | 1799.32 | 26.79 | 4593.06 | 28.27 | 6020.45 | 27.81 |
| | 休闲旅游 | 716.36 | 10.67 | 1963.51 | 12.09 | 2980.54 | 13.77 |
| | 总计 | 6715.86 | 100.00 | 16246.42 | 100.00 | 21651.36 | 100.00 |
| 情景四 | 农业指标 | 825.60 | 10.79 | 1939.05 | 9.66 | 2803.78 | 10.66 |
| | 渔业指标 | 1595.92 | 20.86 | 3187.52 | 15.88 | 3876.94 | 14.75 |
| | 固碳释氧 | 201.13 | 2.63 | 618.30 | 3.08 | 806.08 | 3.07 |
| | 净化水质 | 347.12 | 4.54 | 1067.11 | 5.32 | 1391.19 | 5.29 |
| | 净化空气 | 9.10 | 0.12 | 27.96 | 0.14 | 36.46 | 0.14 |
| | 气候调节 | 975.87 | 12.75 | 2999.98 | 14.94 | 3911.06 | 14.88 |
| | 维持养分循环 | 497.14 | 6.50 | 1528.29 | 7.61 | 1992.43 | 7.58 |
| | 维持生物多样性 | 1928.10 | 25.20 | 5927.27 | 29.52 | 7727.36 | 29.39 |
| | 休闲旅游 | 1271.84 | 16.62 | 2781.32 | 13.85 | 3744.35 | 14.24 |
| | 总计 | 7651.83 | 100.00 | 20076.81 | 100.00 | 26289.65 | 100.00 |

续表

| 指标种类 | | 0～2d损失/万元 | 占比/% | 0～4d损失/万元 | 占比/% | 0～6d损失/万元 | 占比/% |
|---|---|---|---|---|---|---|---|
| 情景五 | 农业指标 | 840.39 | 9.40 | 1993.57 | 8.58 | 2874.59 | 9.37 |
| | 渔业指标 | 1641.33 | 18.36 | 3347.39 | 14.40 | 4063.60 | 13.25 |
| | 固碳释氧 | 236.94 | 2.65 | 727.93 | 3.13 | 929.32 | 3.03 |
| | 净化水质 | 408.93 | 4.58 | 1256.30 | 5.41 | 1603.87 | 5.23 |
| | 净化空气 | 10.72 | 0.12 | 32.92 | 0.14 | 42.03 | 0.14 |
| | 气候调节 | 1149.63 | 12.86 | 3531.86 | 15.20 | 4508.99 | 14.71 |
| | 维持养分循环 | 585.66 | 6.55 | 1799.25 | 7.74 | 2297.03 | 7.49 |
| | 维持生物多样性 | 2271.41 | 25.41 | 6978.15 | 30.03 | 8908.73 | 29.05 |
| | 休闲旅游 | 1792.62 | 20.06 | 3572.96 | 15.37 | 5434.60 | 17.72 |
| | 总计 | 8937.64 | 100.00 | 23240.33 | 100.00 | 30662.76 | 100.00 |

由表8-9可知，随着洪水量级的增长，淹没损失从12487.89万元增加至30662.76万元，增加了一倍以上，这主要是因为随着洪水量级的提升，淹没面积不断扩大的同时，湿地淹没水深及淹没时长也在不断增加，各类土地利用类型所能发挥的生态功能逐渐受限。在洪水量级较小时，农业、渔业、维持生物多样性及气候调节指标损失较大，前二者为直接损失，由于新乡黄河滩涂湿地主要种植旱地农作物，其对洪涝的抗性较差，淹没水深和时长一旦出现基本就会造成大量作物死亡进而导致损失，而渔业主要由于洪水破坏池塘，造成鱼苗流失和死亡，损失较大。后二者则主要为湿地主要生态系统服务价值功能指标，单位面积价值较高，在洪水淹没后，价值损失增长较快。随着洪水量级逐渐增加大，维持生物多样性、气候调节、休闲旅游指标的损失占比逐渐增加，而影响这些指标的土地利用类型为房屋和植被，这两类地物类型淹没损失率随着淹没水深、淹没时长的增加呈快速增长趋势，逐渐丧失其本身所能发挥的生态系统功能，且灾后难恢复，影响较大。

### 8.4.3 淹没损失综合评估分析

淹没损失增长值如图8-31所示。在五种情境模拟下，湿地生态系统功能淹没损失在最初两天内损失较小，情景一淹没初期两天共损失3254.89万元，占总损失的26.11%；情景二淹没初期两天共损失5708.73万元，占总损失的30.23%；情景三淹没初期两天共损失6715.86万元，占总损失的31.03%；情景四淹没初期两天共损失7714.18万元，占总损失的29.24%；情景五淹没初期两天共损失10182.08万元，占总损失的33.41%。在淹没两天至四天时损失陡增，情景一淹没两天至四天时新增损失5171.20万元；情景二淹没两天至四天时新增损失8101.00万元；情景三淹没两天至四天时新增损失9530.55万元；情景四淹没两天至四天时新增损失12424.98万元；情景五淹没两天至四天时新增损失14302.69万元。并在第四天至第六天时增速减缓，甚至低于淹没初期两天的损失增值，情景一淹没四天至六天时新增损失4061.80万元；情景二淹没四天至六天时新增损失5082.03万元；情景三淹没四天至六天时新增损失5404.94万元；情景四淹没四天至六天时新增损失6212.84万元；情景五淹没四天至六天时新增损失7422.43万元。考虑到本研究模拟的洪水量级缘故及洪涝期间的人工干涉、土壤植被等自然条件的调控，新乡黄河滩涂湿地多地淹没时长集中在两天至四天。

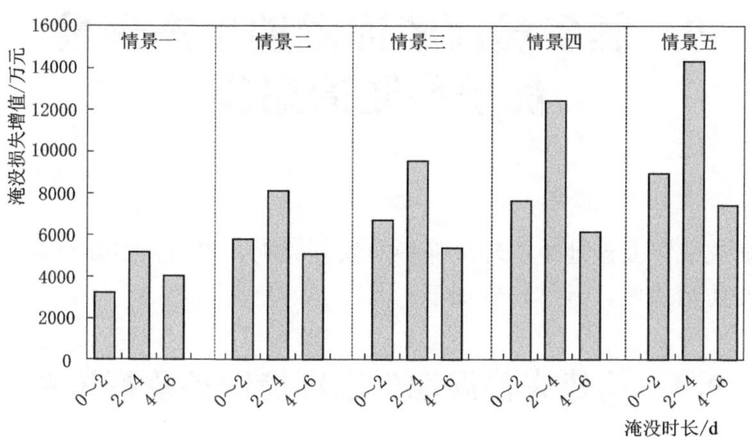


图 8-31　淹没损失增长值

# 9 新乡黄河滩涂湿地生态环境保护与防治措施

通过上述研究成果及湿地生态环境保护与恢复原则，提出针对新乡黄河滩涂湿地生态环境相关保护与防治措施，具体内容如下。

## 9.1 构建完善湿地生态环境保护政策体系

健全政策体系是实现湿地生态环境保护与其自然资源可持续利用的首要任务。制定约束造成生态环境破坏的行为及鼓励支持有益于湿地环境保护的活动，其中包括在湿地开发利用中做出的有价补偿、湿地生物多样性保护、海洋环境保护、生态环境恢复重建以及与水资源相结合的政策等；健全地方性规章制度，制定湿地自然资源开发与利用的原则、方针及行为准则，明晰各部门、各行业管理分工与行使权限，规范其管理流程、违规行为惩处办法与程序等，且协调环境规划、土地利用规划、水资源管理、国际公约等规划和条约同湿地立法之间的关系，对湿地资源开发利用者、湿地生态环境保护管理者等提出基本实施程序与行为规范；严格规范涉海项目建设的管理，针对海水养殖场及海岸工程建设应建立环境影响评价，并使其更加法治化、规范化；加强执法者对湿地生态环境保护意识教育和培训，提高执法者整体素质与执法手段、力度、技术。通过构建针对湿地生态环境相关政策，来协调人类活动与湿地生态环境之间的关系。

## 9.2 建立湿地生态环境保护管理与监测机制

管理与监测机制的建立是有效保护湿地生态环境的重要保障条件之一。对天然湿地的开发建立审批、评估、管理程序，面临重大湿地开发利用问题，应严格依法审批、处理，从而遏制天然湿地面积的减少；对现有湿地自然保护区自然资源及管理现状进行评估，编制管理规划、制度、阶段性目标等，加强区内管理人员自身素质、知识技能及管理水平，对周边区域社会经济与湿地保护协调、可持续发展为研究目标进行综合管理；根据重点保护物种及湿地类型多样性重新划分功能区，重点推广管理成效高的示范区；对濒危物种制定恢复规划，长期监督实施情况，对严重破坏的动植物资源由人工培育等措施进行恢复；加大河流流域的管理力度，保护流域物种生存与繁殖；建立完善的湿地生态环境监测系统，能够准确、及时地对湿地生态环境中影响因素进行感知、预报等。

## 9.3 注重湿地生态环境保护和防治教育、宣传与培训

管理者、决策者及民众对湿地重要程度的态度与认识在很大程度上决定着湿地生态环境保护与恢复工作的开展及成效。某些传统观念及态度会造成在开发利用湿地资源时产生不利后果，因此必须进行宣传教育，形成有益于湿地生态环境保护与防治的良好氛围。建立公众教育学习中心，利用多样主题、形式来进行常规性教育与宣传活动，对公众进行湿地保护、资源合理开发利用等方面知识的宣传，加强公众对湿地生态环境保护的意识；邀请专业人员编写专业类及科普类书籍用以普及湿地保护相关知识，重视对青少年及成人的教育；将世界湿地日、野生动物保护宣传月、爱鸟周等特殊节日集中组织进行相关教育、宣传活动；建立湿地管理人才培训基地，对管理及执法者进行专业知识与技能的培训；在湿地自然保护区域内部设立宣传教育中心，对游客进行湿地保护相关理念的宣传。

## 9.4 加强湿地生态环境污染综合治理，减缓湿地退化速度

要改善湿地脆弱生态环境、解决资源利用等问题，污染治理是不可或缺的一部分。探索环保市场发展潜力，改进环保行业补助与排污费征收管理办法，促进黄河下游湿地环保产业化，拓展融资与投资渠道，鼓励国内外各行各业对黄河下游湿地保护工作的投入；强化企业废水、废气、固体污染物等排放管理体制，支持企业对污染物进行无害化处理与循环利用，对造成严重污染的企业实施改造或有偿转让，而对建设或投资水土保持、自然保护区建设、农田水利、速生丰产林等工程项目的企业应给予一定的支持。除此之外，为减缓湿地退化速度应提出将湿地生态环境保护与资源利用归纳入土地利用、水资源管理、海岸管理等规划中；选择黄河下游代表性退化湿地，建立湿地恢复重建示范区；制定湿地水资源开发、利用、管理战略，限制开采地下水资源，需要补充水源以防止咸水现象发生。将石油开采对湿地生态环境的影响降至最低，设立监测机制及溢油应急处理方案，提升溢油回收、清除技术及装备；阻止或约束新污染物的产生及扩散，严格按相关环保法律法规执行工作，从源头逐步减小影响湿地环境的污染，以国家制定的质量标准来监管湿地生态环境。

## 9.5 加强湿地水资源配置与管理，修建引黄工程

对黄河水资源进行优化配置以及统一调度能够使黄河断流现象减少，缓和河口区域生活生产用水问题，是确保河口区域水资源量的关键。制定黄河水资源配置与调度方案，确定区域间断面及低限生态下的下泄流量；提高黄河干流水利工程的管理手段与力度，满足生态用水需要；建设节水型社会，统一各方面力量进行水资源合理开发利用。从湿地生态环境脆弱性驱动特性分析，黄河来水来沙是主要影响黄河下游湿地生态脆弱化的因素之

一，也是湿地生存、发展的基础。根据湿地生态环境及河道特征，修建如扬水站、引水渠等引黄工程，为湿地提供充足淡水资源，恢复淡水湿地生态环境，另外建设土围坝积蓄河水用来遏制海水侵蚀及蓄淡压碱。

## 9.6 加强湿地领域科学研究

深入开展湿地科学研究是认识湿地内部结构、外部干扰因素，从而保护湿地生态环境、提高治理污染技术、合理发挥湿地效益的主要途径与认识来源。加强有关湿地基础性研究，其中包含湿地类型、分布、功能、形成及人工和天然湿地系统结构，对湿地脆弱的生态环境还需要探究其脆弱成因、影响因素、演变规律等；加强湿地生态环境保护、恢复与重建、资源可持续利用的应用与管理技术探究；探索湿地资源开发利用最佳方式，对湿地生态环境破坏所造成的损失值作出经济评价，兼顾考虑利用湿地资源产生经济效益与湿地保护；研究外来物种对湿地生态环境的影响，并作出安全性评估。

# 10 结　　论

本书以新乡黄河滩涂湿地作为研究对象，建立以供给、调节、支持、文化四大功能为基础的湿地生态系统服务价值评估体系，对湿地1980年、2000年、2010年、2015年、2019年生态系统服务价值进行评估，并结合湿地面积变化分析演变趋势。通过结合MIKE 21和ArcGIS软件，分析不同量级的洪水对新乡黄河滩涂湿地生态系统造成的损失和影响，为预防洪灾及灾后快速重建和恢复提供参考依据。主要结论如下：

（1）参考生态系统服务价值理论，结合新乡黄河滩涂湿地自身特点及功能，构建供给功能、调节功能、支持功能、文化功能四大类，农业指标、渔业指标、水资源供给指标、气候调节指标等13个指标因子的湿地生态系统服务价值指标体系，评估了湿地1980年、2000年、2010年、2015年、2019年生态系统服务价值。结果表明：新乡黄河滩涂湿地生态系统服务价值增长迅速，1980年为51195.30万元；2000年为68435.18万元；2010年为73522.91万元；2015年为81363.29万元；2019年为87063.12万元。在各项功能当中，调节功能占比最大，其后依次为供给功能、支持功能、文化功能，这也符合调节功能是湿地核心功能的原则。在调节功能中，又以水资源调蓄和水源涵养指标占比最高，这同样也符合湿地水文特征。但由于人类的过度干预湿地环境，虽然湿地调节功能占比最大，却随时间变化不断降低，调节功能占比从1980年的48.55%下降至2019年的31.20%，供给功能则由1980年的14.98%增长至2019年的30.42%。过度的开垦荒地和渔业养殖等人类的生产活动严重影响了湿地调节功能的发挥。

（2）对新乡黄河滩涂湿地生态系统服务价值进行协同/权衡关系分析，并且选取湿地面积、年均气温、年均降雨量、区域GDP、城镇化率、人口数量六个驱动因子分析新乡黄河滩涂湿地生态演变特征。结果表明：新乡黄河滩涂湿地生态系统服务价值变化中权衡关系在1980—2000年占主导关系，并在2000—2010年转变为协同关系。主要由于多个生态系统服务价值指标间关系由权衡关系变为协同关系。协同关系的增多，表明新乡黄河滩涂湿地生态系统趋向可持续发展。同时，对驱动因子相关性分析发现，由于人类活动、社会因素及自然气候的作用，还是对净化空气、水资源调蓄等调节功能指标产生了一定的影响，今后需加强湿地调节、支持等功能和社会、经济之间协同发展的关系研究。

（3）根据指标体系构建原则及研究区自然环境、社会经济、生态系统等实际状况，构建具有目标层、准则层、指标层、因子层4个层次，年均含沙量、年均最大最小温差、盐碱地面积、人口密度、第三产业所占比重等16项指标的黄河下游生态环境脆弱性评价指标体系。

（4）利用突变级数法及基于熵权的模糊综合评价模型对黄河三角洲湿地生态环境脆弱性进行评价，结果表明黄河下游湿地生态环境于1983—2015年大部分处于中度脆弱，其中 2011 年以来主要处于强度脆弱，根据两种方法计算结果的对比，除 1991 年、1997 年、2007 年、2010 年这四年略有不同外，其他年份计算结果基本一致，评价结果比较符合黄河三角洲生态环境实际状况。

（5）基于主成分分析理论，借助数学统计软件 SPSS19.0 对研究区 1983—2015 年共 16 项指标的基础数据进行相关性分析，根据运算提取了 4 个主成分，其累计贡献率为 82.457%，水沙状况驱动力、植被土壤驱动力、气象条件驱动力以及社会发展水平驱动力是影响黄河三角洲湿地生态环境脆弱性的主要驱动力，其中水沙状况驱动力是首要驱动力。

（6）基于信息熵理论对黄河下游湿地生态环境脆弱性及主要驱动力演变特性进行分析，研究结果表明湿地生态环境脆弱性信息熵总体呈上升趋势；水沙状况驱动力、植被土壤驱动力信息熵整体呈下降趋势；气象条件驱动力信息熵仅产生小范围波动相对较为稳定；社会发展水平驱动力信息熵呈上升趋势。通过对湿地生态环境脆弱性与驱动因子关联分析，得出年径流量、年均含沙量、年均降水量、年均最大最小温差及人口密度这五个因子与湿地生态环境脆弱性关联度相对较高。研究生态环境脆弱性与湿地空间动态变化关系，可知湿地面积与湿地生态脆弱性呈负相关，而在湿地景观格局中沼泽湿地、滩涂湿地以及水库坑塘湿地与生态脆弱性关联度相对较高。

（7）以“82·8”黄河特大洪水为原型，分别概化出 6000$m^3$/s、8000$m^3$/s、10000$m^3$/s、12000$m^3$/s、14000$m^3$/s 五种洪峰情况下的洪水序列，同时获取湿地土地分类类型并进行重分类，将湿地土地类型分为玉米（田）、大豆（田）、红薯（田）、房屋、植被和水域六大类。结合 MIKE 21 和 ArcGIS 软件模拟不同洪峰下的洪灾漫滩情况。结果表明：五种不同洪峰的洪水序列分别淹没新乡黄河滩涂湿地面积 17118.45$hm^2$，占湿地总面积的 75.15%；20627.49$hm^2$，占湿地总面积的 90.55%；21555.39$hm^2$，占湿地总面积的 94.62%；22133.60$hm^2$，占湿地总面积的 97.16%；22638.30$hm^2$，占湿地总面积的 99.38%。随着洪水量级的提高，淹没面积增速逐渐降低，转而加深湿地各处的淹没水深和淹没时长。据此，可制定更具有针对性的防灾救灾措施。

（8）基于新乡黄河滩涂湿地生态系统服务价值指标体系，提取直接或间接受到洪水影响的包括农业、渔业、固碳释氧、净化水质等 9 个指标因子，组建湿地生态系统淹没损失模型，并与洪水漫滩模型耦合对新乡黄河滩涂湿地生态系统淹没损失进行评估。结果表明：不同量级洪水淹没损失分别为 6000$m^3$/s 洪峰时损失 12487.89 万元、8000$m^3$/s 洪峰时损失 19029.84 万元、10000$m^3$/s 洪峰时损失 21651.36 万元、12000$m^3$/s 洪峰时损失 26289.65 万元、14000$m^3$/s 洪峰时损失 30662.76 万元。其中，农业、渔业等直接损失指标在漫滩前期损失较大，固碳释氧、净化水质等间接损失指标在洪水漫滩中后期损失增速加快。同时，淹没损失多集中在淹没第 2 天至第 4 天。淹没第 4 天至第 6 天损失增速放缓，且低于淹没初期的两天。通过灾前抢收，灾后及时处理残存洪水并消杀等措施可规避相当部分的损失。

# 参 考 文 献


[1] 范聚柳，吴淼，焦黎. 近30年来新疆玛纳斯湖湿地生态系统服务价值变化及其驱动力分析 [J]. 海洋湖沼通报，2021 (1)：48-55.

[2] Harvey Alexander. Nature's services：Societal dependence on natural ecosystems [J]. Corporate Environmental Strategy，1999，6 (2).

[3] 李双成，刘金龙，张才玉，等. 生态系统服务研究动态及地理学研究范式 [J]. 地理学报，2011，66 (12)：1618-1630.

[4] 傅伯杰，周国逸，谢高地，等. 中国主要陆地生态系统服务功能与生态安全 [J]. 地球科学进展，2009，24 (6)：571-576.

[5] 罗晓翔. 疏勒河中游湿地生态系统服务价值评估 [J]. 环境科学与技术，2020，43 (S2)：229-234.

[6] 周文昌，张维，胡兴宜，等. 湖北省湿地生态系统的服务价值评估 [J]. 水土保持通报，2021，41 (3)：305，311，364.

[7] Zhang Fei，Yushanjiang Ayinuer，Jing Yunqing. Assessing and predicting changes of the ecosystem service values based on land use/cover change in Ebinur Lake Wetland National Nature Reserve，Xinjiang，China [J]. Science of The Total Environme nt，2019，656 (15)：1133-1144.

[8] 付晓双. 黄河下游水沙演变特性及对河口湿地生态环境的影响研究 [D]. 郑州：华北水利水电大学，2017.

[9] 谢高地，张彩霞，张昌顺，等. 中国生态系统服务的价值 [J]. 资源科学，2015，37 (9)：1740-1746.

[10] Study of Critical Environmental Problems (SCEP). Man's Impact on the Global Environment [M]. Cambridge：Massachusetts：MIT Press，1970.

[11] Ehrlich P R，Ehrhich A. Extinction：The Causes and Consequences of the Disappearance of Species [M]. Random House，1981.

[12] Ahmed M. T. Millennium ecosystem assessment [J]. Environmental ence & Pollution Research，2002，9 (4)：219-220.

[13] 谢高地，张彩霞，张雷明，等. 基于单位面积价值当量因子的生态系统服务价值化方法改进 [J]. 自然资源学报，2015，30 (8)：1243-1254.

[14] 张长. 福州城郊农田生态服务价值评估及其调控研究 [D]. 福州：福建师范大学，2012.

[15] PIMENTEL，STACHOW，TAKACS，et al. CONSERVING BIOLOGICAL DIVERSITY IN AGRICULTURAL FORESTRY SYSTEMS - MOST BIOLOGICAL DIVERSITY EXISTS IN HUMAN-MANAGED ECOSYSTEMS [J]. BIOSCIENCE，1992.

[16] Boyd J，Banzhaf S. What are ecosystem services? The need for standardized environmental accounting units [J]. Ecological Economics，2007，63 (2-3)：616-626.

[17] 吴健，李善麟，李英花，等. 生态系统服务研究进展 [J]. 温带林业研究，2018，1 (1)：14-19.

[18] Gómez-Baggethun E，De Groot R，Lomas P L，et al. The history of ecosystem services in economic theory and practice：from early notions to markets and payment schemes [J]. Ecological economics，2010，69 (6)：1209-1218.

[19] Costanza R，D'Arge R，de Groot R，et al. The value of the world's ecosystem services and natural capital [J]. Nature，1997，387 (6630)：253-260.

[20] Daily G C. Nature's Services：Societal Dependence on Natural Ecosystems [M]. Washington D. C.：1997.

[21] Barbier E B，Hacker S D，Kennedy C，et al. The value of estuarine and coastal ecosystem services [J]. Ecological Monographs，2011，81 (2)：169 - 193.

[22] Rita Lopes，Nuno Videira. How to articulate the multiple value dimensions of ecosystem services? Insights from implementing the PArticulatES framework in a coastal social - ecological system in Portugal [J]. Ecosystem Services，2019，38.

[23] Terefe Tolessa，Feyera Senbeta，Moges Kidane. The impact of land use/land cover change on ecosystem services in the central highlands of Ethiopia. 2017，23：47 - 54.

[24] Laura Onofri，Glenn M. L，R. P，et al. Valuing ecosystem services for improved national accounting：A pilot study from Madagascar. 2017，23：116 - 126.

[25] MengistieKindu，T. S，D. T，et al. Changes of ecosystem service values in response to land use/land cover dynamics in Munessa - Shashemene landscape of the Ethiopian highlands. 2016，547：137 - 147.

[26] 谢高地，张忆锂，鲁春霞，等. 中国自然草地生态系统服务价值 [J] 自然资源学报，2001 (1)：47 - 53.

[27] 欧阳志云，王效科，苗鸿. 中国陆地生态系统服务功能及其生态经济价值的初步研究 [J]. 生态学报，1999 (5)：19 - 25.

[28] 陈仲新，张新时. 中国生态系统效益的价值 [J]. 科学通报，2000 (1)：17 - 22，113.

[29] 徐中民，张志强，程国栋，等. 额济纳旗生态系统恢复的总经济价值评估 [J]. 地理学报，2002 (1)：107 - 116.

[30] 朱晓博，高甲荣，李诗阳，等. 北京市永定河生态系统服务价值评价与研究 [J]. 北京林业大学学报，2015，37 (4)：90 - 97.

[31] 王一平. 南水北调中线工程水源地生态补偿问题的研究——基于生态系统服务价值的视角 [J]. 南阳理工学院学报，2011，3 (6)：67 - 71.

[32] 闫峰陵，雷少平，罗小勇，等. 丹江口库区水土保持的生态服务功能价值估算研究 [J]. 长江流域资源与环境，2010，19 (10)：1205 - 1210.

[33] 白景锋. 跨流域调水水源地生态补偿测算与分配研究——以南水北调中线河南水源区为例 [J]. 经济地理，2010，30 (4)：657 - 661，687.

[34] 唐见，曹慧群，陈进. 南水北调中线水源地生态服务价值核算 [J]. 人民长江，2018，49 (11)：29 - 34，42.

[35] 杨丽，朱启林，孙静，等. 北京市南水北调中线工程供水效益评估 [J]. 人民长江，2017，48 (10)：44 - 46，78.

[36] 江波，陈媛媛，肖洋，等. 白洋淀湿地生态系统最终服务价值评估 [J]. 生态学报，2017，37 (8)：2497 - 2505.

[37] Young R A，Carpenter S R. Economic Value of Water：Concepts and Empirical Estimates；Final Report to the National Water Committee [M]. National Technical Information Service.

[38] Young R A，Carpenter S R. Economic Value of Water：Concepts and Empirical Estimates；Final Report to the National Water Committee [J]. 1972.

[39] Larson J S，Mazzarese D B. Rapid assessment of wetlands：history and application to management [J]. Global Wetlands. Elsevier Science Publishers，Amsterdam，1994：625 - 636.

[40] Wilson M A，Carpenter S R. Economic valuation of freshwater ecosystem services in the United States：1971—1997 [J]. Ecological applications，1999，9 (3)：772 - 783.

[41] Maltby E，Hogan D V，Immirzi C P，et al. Building a new approach to the investigation and assess-

ment of wetland ecosystem functioning [J]. <Global wetlands: old world and new>, Mitch WJ (ed), Elsevier (Amsterdam), 1994: 637 - 358.

[42] Kosz M. Valuing riverside wetlands: the case of the "Donau - Auen" national park [J]. Ecological Economics, 1996, 16 (2): 109 - 127.

[43] Turner R K, VAN DEN BERGH J C J M, Brouwer R. Managing wetland: an ecological economics approach [M]. Edward Elgar Publishing, 2003.

[44] Bergh J C J M, Barendregt a, Gilbert A J. Spatial ecological economic analysis for wetland management: Modelling and scenario evaluation of land use [M]. Cambridge University Press, 2004.

[45] Tilley D R, Brown M T. Dynamic emergy accounting for assessing the environmental benefits of subtropical wetland stormwater management systems [J]. Ecological Modelling, 2006, 192 (3): 327 - 361.

[46] Brown M T, Martinez A, UCHE J. Emergy analysis applied to the estimation of the recovery of costs for water services under the European Water Framework Directive [J]. Ecological Modelling, 2010, 221 (17): 2123 - 2132.

[47] Christie M, Fazey I, Cooper R, et al. An evaluation of monetary and non - monetary techniques for assessing the importance of biodiversity and ecosystem services to people in countries with developing economies [J]. Ecological economics, 2012, 83: 67 - 78.

[48] Ibarra A A, Zambrano L, Valiente E L, et al. Enhancing the potential value of environmental services in urban wetlands: An agro - ecosystem approach [J]. Cities, 2013, 31: 438 - 443.

[49] 崔丽娟. 鄱阳湖湿地生态系统服务功能价值评估研究 [J]. 生态学杂志, 2004 (4): 47 - 51.

[50] 崔丽娟, 庞丙亮, 李伟, 等. 扎龙湿地生态系统服务价值评价 [J]. 生态学报, 2016, 36 (3): 828 - 836.

[51] 王学雷, 杜耘. 洪湖湿地价值评价与生物多样性保护 [J]. 中国科学院院刊, 2002 (3): 177 - 180.

[52] 吴玲玲, 陆健健. 长江口湿地生物多样性生态服务功能与价值 [A]. 第五届全国生物多样性保护与持续利用研讨会论文摘要集 [C], 2002: 1.

[53] 孙玲, 朱泽生, 刘羽, 张继林. 大丰市滩涂生态系统服务价值评估 [J]. 农村生态环境, 2004 (3): 10 - 14.

[54] 庄大昌. 洞庭湖湿地生态系统服务功能价值评估 [J]. 经济地理, 2004 (3): 391 - 394, 432.

[55] 张天华, 陈利顶, 普布丹巴, 等. 西藏拉萨拉鲁湿地生态系统服务功能价值估算 [J]. 生态学报, 2005 (12): 3176 - 3180.

[56] 赵平, 夏冬平, 王天厚. 上海市崇明东滩湿地生态恢复与重建工程中社会经济价值分析 [J]. 生态学杂志, 2005 (1): 75 - 78.

[57] 王伟, 陆健健. 三垟湿地生态系统服务功能及其价值 [J]. 生态学报, 2005 (3): 404 - 407, 657.

[58] 陈鹏. 厦门湿地生态系统服务功能价值评估 [J]. 湿地科学, 2006 (2): 101 - 107.

[59] 贺桂芹, 杨改河, 冯永忠, 姜艳. 西藏高原湿地生态系统结构及功能分析 [J]. 干旱地区农业研究, 2007 (3): 185 - 189.

[60] 俞玥, 何秉宇. 基于 CVM 的新疆天池湿地生态系统服务功能非使用价值评估 [J]. 干旱区资源与环境, 2012, 26 (12): 53 - 58.

[61] 白杨, 黄宇驰, 王敏, 等. 我国生态文明建设及其评估体系研究进展 [J]. 生态学报, 2011, 31 (20): 6295 - 6304.

[62] 熊善高, 秦昌波, 于雷, 等. 基于生态系统服务功能和生态敏感性的生态空间划定研究——以南宁市为例 [J]. 生态学报, 2018, 38 (22): 7899 - 7911.

[63] 周晓彤. 福州市湿地生态系统服务价值评估研究 [D]. 沈阳：沈阳师范大学，2021.

[64] 左凌霄. 城市湿地生态系统服务价值评估 [D]. 南昌：江西财经大学，2021.

[65] Odum H. T. Environmental Accounting：Emergy and Environmental Decision Making [M]. New York：john Wilely，1996.

[66] 郑刘梦，郭玉明，冯晟林，等. 新乡黄河湿地鸟类多样性研究 [J]. 野生动物学报，2017，38 (4)：622 - 627.

[67] Zhang X S，Chen Z X. Value of ecosystem services in China. Chinese Science Bulletin，2000，45 (10)：870 - 876.

[68] 刘利花，尹昌斌，钱小平. 稻田生态系统服务价值测算方法与应用——以苏州市域为例 [J]. 地理科学进展，2015，34 (1)：92 - 99.

[69] 段晓男，王效科，逯非，等. 中国湿地生态系统固碳现状和潜力 [J]. 生态学报，2008 (2)：463 - 469.

[70] 陈少鹏，庄倩倩，郭太君，等. 长春市园林树木固碳释氧与增湿降温效应研究 [J]. 湖北农业科学，2012，51 (4)：750 - 756.

[71] 宋文彬，张翼然，张玲，等. 洪河国家级自然保护区沼泽生态系统服务价值估算 [J]. 湿地科学，2014 (1)：81 - 88.

[72] 栾维新，崔红艳. 基于 GIS 的辽河下游潜在海平面上升淹没损失评估 [J]. 地理研究，2004 (6)：805 - 814，880.

[73] 王磊，何冬梅，江浩，丁晶晶. 江苏滨海湿地生态系统服务功能价值评估 [J]. 生态科学，2016，35 (5)：169 - 175.

[74] 国家林业局. 森林生态系统服务功能评估规范：LY/T 1721—2008 [S]. 北京：中国标准出版社，2008.

[75] 《中国生物多样性国情研究报告》编写组. 中国生物多样性国情研究报告 [R]. 北京：中国环境科学出版 .

[76] 张艳春. 青海典型城市湿地生态系统服务价值评估及其空间格局研究 [D]. 西宁：青海师范大学，2021.

[77] 朱龙飞. 新乡黄河湿地鸟类多样性研究 [D]. 新乡：河南师范大学，2018.

[78] 张秀英，钟太洋，黄贤金，等. 海州湾生态系统服务价值评估 [J]. 生态学报，2013，33 (2)：640 - 649.

[79] 彭培好. 四川南河国家湿地公园生态系统服务价值评估 [M]. 成都：西南交通大学出版社，2017.

[80] 陈仲新，张新时. 中国生态系统效益的价值 [J]. 科学通报，2000 (1)：17 - 22，113.

[81] 胡春宏. 黄河水沙变化与下游河道改造 [J]. 水利水电技术，2015，46 (6) ：10 - 15.

[82] 郝伏勤，高传德，黄锦辉，等. 黄河下游河道湿地浅析 [J]. 人民黄河，2005，22 (4) ：5 - 8.

[83] 黄玉芳，葛雷，单凯，等. 黄河下游河道湿地演变与河防工程建设时空关系分析 [J]. 环境影响评价，2021，43 (3)：13 - 18

[84] 谈皓，宋华力，陈卫宾，等. 黄河下游防洪的对策和措施 [J]. 人民黄河，2013，35 (10)：57 - 59.

[85] 李建勇. 广东湛江红树林生态系统服务功能与可持续发展研究 [D]. 广州：中山大学，2002.

[86] 肖涛. 环杭州湾城市群湿地生态系统服务价值评估研究 [D]. 重庆：西南大学，2020.

[87] Gong J，Liu D，Zhang J，et al. Tradeoffs/synergies of multiple ecosystem services based on land use simulation in a mountain - basin area，western China [J]. Ecological Indicators，2019，99 (APR.)：283 - 293.

[88] 陆健健，何文珊，童春富，等. 湿地生态学 [M]. 北京：高等教育出版社，2006.

[89] 宫兆宁，张翼然，宫辉力，等. 北京湿地景观格局演变特征与驱动机制分析 [J]. 地理学报，2011，66 (1)：77-88.

[90] Ai J Y, Sun X , Feng L, et al. Analyzing the spatial patterns and drivers of ecosystem services in rapidly urbanizing Taihu Lake Basin of China [J]. Frontiers of Earth Science, 2015, 9 (3): 531-545.

[91] Yunliang Li, Qi Zhang, Jing Yao, Adrian D. Werner, Xianghu Li. Hydrodynamic and hydrological modeling of the Poyang Lake catchment system in China [J]. Journal of Hydrologic Engineering, 2014, 19 (3): 607-616.

[92] Ahn J , Na Y , Park S W . Development of Two-Dimensional Inundation Modelling Process using MIKE21 Model [J]. KSCE journal of civil engineering, 2019, 23 (9): 3968-3977.

[93] MIKE21 FLOW MODEL FM Hydrodynamic Module User Guide [M]. Denmark: DHI Water and Environment, 2008.

[94] 秦昊. 采用 MIKE 对辽河口湿地沉积物 TOC、TN、TP 分布的水动力及水质模拟研究 [D]. 沈阳：沈阳农业大学，2020.

[95] 郭凤清，屈寒飞，曾辉，等. 基于 MIKE21 的潖江蓄滞洪区洪水危险性快速预测 [J]. 自然灾害学报，2013，22 (3)：144-152.

[96] 唐崇熙. 基于 MIKE 21 的白洋淀水动力与水质数值模拟研究 [D]. 天津：天津工业大学，2021.

[97] 高莉. 改进的 Delaunay 三角剖分算法研究 [D]. 兰州：兰州交通大学，2015.

[98] 杜欣澄. 基于一二维水动力耦合模型的大站水库流域暴雨洪灾风险评估研究 [D]. 济南：山东大学，2019.

[99] 郭程轩，陈祁琪，徐颂军，等. 雷州半岛东海岸玉蕊群落的干扰机制及潜在生态损失分析 [J]. 华南师范大学学报（自然科学版），2019，51 (4)：67-75.

[100] 李梁玉. 河南省黄河中下游洪灾损失评估与减灾策略研究 [D]. 焦作：河南理工大学，2019.

[101] Dushmanta Dutta, Srikantha Herath, Katumi Musiake. A mathematical model for flood loss estimation [J]. Journal of Hydrology. 2003, 277 (1-2): 24-49.

[102] 李香颜，刘忠阳，李彤霄. 淹水对河南省不同地区夏玉米生长及产量的影响 [J]. 安徽农业科学. 2011，39 (32)：49-51.

[103] 牛文元. 生态环境脆弱带（ECOTONE）的基础判定 [J]. 生态学报，1989，9 (2)：97-105.

[104] Kochunov. B（李国栋译）. 脆弱生态环境的概念及分类 [J]. 地理译报，1993，12 (1)：36-43.

[105] Holling C S. Resilience and stability of ecological systems [J]. Annual Review of Ecology and Systematics, 1973, 4: 1-23.

[106] Carpenter S R, Brock W A. Spatial complexity, resilience and policy diversity: fishing on lake-rich landscapes [J]. Ecology and Society 9 (1), 8 [J/OL], Waterloo, Canada: Resilience Alliance Publications, 2004.

[107] 李克让，曹明奎，於琍，等. 中国自然生态系统对气候变化的脆弱性评估 [J]. 地理研究，2005，24 (5)：653-663.

[108] 葛全胜，张丕远，吴祥定. 中国环境脆弱带特征研究 [J]. 地理新论，1990，5 (2)：17-29.

[109] 赵桂久，刘燕华，赵名茶. 生态环境综合整治与恢复技术研究——退化生态综合整治、恢复与重建示范工程技术研究 [M]. 北京：北京科学技术出版社，1995，172-179.

[110] 赵跃龙. 中国脆弱生态环境类型分布及其综合整治 [M]. 北京：中国环境出版社，1999：1-20.

[111] 邬建国. 景观生态学——格局过程尺度与等级 [M]. 北京：高等教育出版社，2000：15-60.

[112] 刘燕华，李秀彬. 脆弱生态环境与可持续发展 [M]. 北京：商务印书馆，2001：98-121.

[113] Aspinall, R. , D. Pearson. Integrated geographical assessment of environmental condition in water catchments: Linking landscape ecology, environmental modelling and GIS [J]. Journal of Environmental Management, 2000, 59 (4): 299-319.

[114] Polsky C，Neff R，Yarnal B. Building comparable global change vulnerability assessments：The vulnerability scoping diagram [J]. Global Environmental Change，2007，17 (3-4)：472-485.

[115] Smith J B，Pitts G J. Regional climatic change scenarios for vulnerability and adaption assessment [J]. Climatic Change，1997，36：3-21.

[116] Kelly，P. M.，W. N. Adger. Theory and Practice in Assessing Vulnerability to Climate Change and Facilitating Adaptation [J]. Climatic Change，2000，47 (4)：325-352.

[117] Deressa T，Hassan R M，Ringler C. Measuring Ethiopian farmers' vulnerability to climate change across regional states [R]. International Food Policy Institute，2008.

[118] Liem T. Tran，C. Gregory Knight，Robert V. O'Neill et al. Fuzzy decision analysis for integrated environmental vulnerability assessment of the Mid-Atlantic regional [J]. Environmental Management，2002，29 (6)：845-859.

[119] IPCC. Climate change 2007：Impacts，adaptation and vulnerability. Cambridge：Cambridge University Press，2007.

[120] S. AI-Jeneid，MBahnassy，S. Nasretal. Vulnerability assessment and adaptation to the impacts of sea level rise on the Kingdom of Bahrain [J]. Mitig Adapt Start Glob Change，2008，13：87-104.

[121] 卢亚灵，颜磊，许学工. 环渤海地区生态脆弱性评价及其空间自相关分析 [J]. 资源科学，2010，32 (2)：303-308.

[122] 李滨勇，陈海滨，唐海萍. 基于AHP和模糊综合评判法的北疆各地州生态脆弱性评价 [J]. 北京师范大学学报（自然科学版），2010，46 (2)：197-201.

[123] 付博，姜琦刚，任春颖，等. 基于神经网络方法的湿地生态脆弱性评价 [J]. 东北师大学报（自然科学版），2011，43 (1)：139-143.

[124] 裴欢，房世峰，覃志豪，等. 干旱区绿洲生态脆弱性评价方法及应用研究——以吐鲁番绿洲为例 [J]. 武汉大学学报·信息科学版，2013，38 (5)：528-532.

[125] 廖雪琴，李巍，侯锦湘. 生态脆弱性评价在矿区规划环评中的应用研究 [J]. 中国环境科学，2013，33 (10)：1891-1896.

[126] 李平星，樊杰. 基于VSD模型的区域生态系统脆弱性评价——以广西西江经济带为例 [J]. 自然资源学报，2014，29 (5)：779-788.

[127] 张德君，高航，杨俊，等. 基于GIS的南四湖湿地生态脆弱性评价 [J]. 资源科学，2014，36 (4)：874-882.

[128] 马真臻，王忠静，顾艳玲，等. 中国西北干旱区自然保护区生态脆弱性评价——以甘肃西湖、苏干湖自然保护区为例 [J]. 中国沙漠，2015，35 (1)：253-259.

[129] 马骏，李昌晓，魏虹，等. 三峡库区生态脆弱性评价 [J]. 生态学报，2015，35 (21)：7117-7129.

[130] 温晓金，杨新军，王子侨. 多适应目标下的山地城市社会——生态系统脆弱性评价 [J]. 地理研究，2016，35 (2)：299-312.

[131] 王瑞燕，赵庚星，姜曙千，等. 基于遥感及突变理论的生态环境脆弱性时空演变——以黄河下游垦利县为例 [J]. 应用生态学报，2008，19 (8)：1782-1788.

[132] 艾合麦提·吾买尔. 人类活动驱动下于田绿洲生态环境演变研究 [D]. 乌鲁木齐：新疆大学，2010.

[133] 雷波. 黄土丘陵区生态脆弱性演变及其驱动力分析 [D]. 北京：中国科学院大学，2013.